高职高专园林园艺专业"十四五"规划教材

LANDSCAPE
Design and Construction

园林景观
设计与施工

主　编　何礼华　卢承志

副主编　刘秀云　陶良如　王　剑
　　　　阮　煜　于真真　刘玮芳

ZHEJIANG UNIVERSITY PRESS
浙江大学出版社
·杭州·

图书在版编目（CIP）数据

园林景观设计与施工 / 何礼华，卢承志主编. -- 杭州 ：
浙江大学出版社，2023.1（2024.8重印）
ISBN 978-7-308-23535-8

Ⅰ．①园… Ⅱ．①何… ②卢… Ⅲ．①园林设计－景观
设计②园林－工程施工 Ⅳ．①TU986

中国国家版本馆CIP数据核字(2023)第025774号

园林景观设计与施工

YUANLIN JINGGUAN SHEJI YU SHIGONG

主编　何礼华　卢承志

责任编辑	王元新
责任校对	秦　瑕
封面设计	春天书装
出版发行	浙江大学出版社
	（杭州天目山路148号　邮政编码：310007）
	（网址：http://www.zjupress.com）
排　　版	杭州林智广告有限公司
印　　刷	杭州捷派印务有限公司
开　　本	889mm×1194mm　1/16
印　　张	14
字　　数	325千
版 印 次	2023年1月第1版　2024年8月第2次印刷
书　　号	ISBN 978-7-308-23535-8
定　　价	68.00元

浙江大学出版社市场运营中心联系方式：(0571) 88925591；http://zjdxcbs.tmall.com

编 写 委 员 会

顾 问：李 夺（北京绿京华生态园林股份有限公司董事长，高级工程师，园林国手品
牌创始人，国家职业技能鉴定高级考评员，第44届世界技能大赛园艺
项目中国技术指导专家，全国多个省、市园林景观设计与施工赛项裁
判长，2020年、2021年国赛园艺赛项裁判长）

黄敏强（杭州凰家园林景观有限公司总裁、艺术总监，高级工程师，浙江省花
卉协会花园分会副会长，华南农业大学笨鸟文化高级培训师，浙江农
林大学风景园林与建筑学院人才培养企业导师，浙派园林文旅研究中
心顾问，花园集编委）

主 任：何礼华（杭州富阳真知园林科技有限公司总经理、教学总监，美国洛杉矶
Greenshower Nursery工作四年，全国多家高职院校客座教授，园林国培
基地培训师，园林植物、植物造景、园林工程材料、庭院施工图设计、
微景观制作等教材主编，中国造园技能大赛国际邀请赛裁判，全国多
个省、市园林景观设计与施工赛项裁判长）

副主任：卢承志（杭州博古科技有限公司总经理，高级工程师，获得科技部创新基金项
目，参与植物造景、园林工程材料等教材的编写，主持园林技能大赛、
园林工程施工、园林工程识图、园林工程材料与构造等多项园林园艺
类虚拟实训软件的开发）

郭 磊（北京景园人园艺技能推广有限公司总经理，园林国手品牌负责人，主
导系列"中国造园技能大赛国际邀请赛"，参与编写《园林国手职业
技能评价体系》，策划出版《园林国手系列丛书》，多次负责国家级、
省级赛事运营与技术保障工作，多次参与省赛裁判或仲裁）

万孝军（江苏农林职业技术学院副教授，国家注册一级建造师，负责学院园林
景观设计与施工赛项的组织与训练工作，2018年江苏省状元赛优秀指
导老师，2019年国赛优秀指导老师，世界技能大赛园艺项目中国集训
基地教练，全国多个省、市园林景观设计与施工赛项裁判长）

刘 嘉（黄山闲庭景观园林工程有限公司总工程师，国家注册一级建造师，高
级工程师，高级技师，第44届、45届世界技能大赛园艺项目国家队
教练，中国造园技能大赛国际邀请赛及全国多个省、市园林景观设计
与施工赛项裁判）

委　员：左金富①　　李利博②　　胡晓聪③　　唐海燕④　　郑　淼⑤　　姜淑妍⑥
　　　　符志华⑦　　沈　丰⑧　　唐志伟⑨　　王　巍⑩　　陈徐佳⑪　　张晓红⑫
　　　　桂　平⑬　　熊朝勇⑭　　汤泽华⑮　　王占锋⑯　　于桂芬⑰　　冯　磊⑱
　　　　张亚平⑲　　蒋　勇⑳　　田若凡㉑　　罗　中㉒　　宋广莹㉓　　李　晖㉔
　　　　杨　帆㉕　　沙环环㉖　　张金峰㉗　　刘轶奇㉘　　华云飞㉙　　周文飞㉚

【①海南职业技术学院；②唐山职业技术学院；③金华职业技术学院；④湖北生物科技职业学院；⑤山西林业职业技术学院；⑥长春职业技术学院；⑦重庆三峡职业学院；⑧上海农林职业技术学院；⑨湖南生物机电职业技术学院；⑩黑龙江建筑职业技术学院；⑪广东科贸职业学院；⑫甘肃林业职业技术学院；⑬铜仁职业技术学院；⑭内江职业技术学院；⑮江西环境工程职业学院；⑯成都农业科技职业学院；⑰辽宁农业职业技术学院；⑱河南建筑职业技术学院；⑲贵州农业职业学院；⑳广西生态工程职业技术学院；㉑恩施职业技术学院；㉒广东生态工程职业学院；㉓内蒙古商贸职业学院；㉔青海建筑职业技术学院；㉕新疆应用职业技术学院；㉖宁夏建设职业技术学院；㉗西藏职业技术学院；㉘浙江建设技师学院；㉙杭州第一技师学院；㉚杭州凰家园林景观有限公司】

主　编：何礼华（杭州富阳真知园林科技有限公司）
　　　　卢承志（杭州博古科技有限公司）
副主编：刘秀云（上海农林职业技术学院）　　　陶良如（河南农业职业学院）
　　　　王　剑（江苏农林职业技术学院）　　　阮　煜（杨凌职业技术学院）
　　　　于真真（潍坊职业学院）　　　　　　　刘玮芳（池州职业技术学院）
参编人员：朱彬彬（河南农业职业学院）　　　　陈亚美（广东南华工商职业学院）
　　　　　李俭珊（广州城市职业学院）　　　　应巧艳（台州科技职业学院）
　　　　　唐必成（福建林业职业技术学院）　　李玉舒（北京农业职业学院）
　　　　　肇丹丹（唐山职业技术学院）　　　　董秋燕（湖北生态工程职业技术学院）
　　　　　刘　珊（云南林业职业技术学院）　　徐洁华（深圳职业技术学院）
　　　　　陈乐谞（湖南环境生物职业技术学院）刘　夔（宁波城市职业技术学院）
　　　　　罗　盛（重庆工程职业技术学院）　　曹芳凤（吉安职业技术学院）
　　　　　谢二兰（海南经贸职业技术学院）　　冯　昕（浙江建设技师学院）
　　　　　施春燕（杭州萧山技师学院）　　　　应芳红（杭州凰家园林景观有限公司）

施工图绘制：副主编、参编人员
模型、三维动画制作：杭州博古科技有限公司

前　言

PREFACE

全国职业院校技能大赛（简称国赛）高职组"园林景观设计与施工"赛项是依据高素质技能型人才培养要求，对接园林景观设计师、园林工程师的职业标准，结合园林设计、园林施工岗位对人才的知识、技能、素养要求而设置的技能大赛。该赛项能够检验教学成果，促进教学改革，并瞄准世界高水平，营造崇尚技能的良好氛围。

该赛项包含园林设计与施工两大任务，考核内容涵盖园林施工图设计、测量、园林工程施工等方面的知识和技能。要求参赛选手掌握园林制图规范、具备创新设计理念、熟练操作绘图软件、合理安排工作流程、注意个人防护、施工动作符合人体工程学、节约材料、爱护工具、具备安全环保意识，并要求参赛选手具有团队协作精神、吃苦耐劳精神、工匠精神、拼搏精神。

"园林景观设计与施工"赛项是一个团队项目，每个参赛组由四名或两名选手组成（2017年、2018年、2019年、2023年的国赛，每个参赛组由四名选手组成；2020年、2021年、2022年的国赛，每个参赛组由两名选手组成）。为了体现国赛的高标准、高要求，每年国赛的方式和内容略有不同，难度和挑战性逐年增加。

2018年和2019年的国赛，两名设计选手首先根据指定的环境、材料在4小时内完成一套30m²（5m×6m）的小花园景观设计（要求设计一张彩色效果图和一套施工图）；然后另两名施工选手根据本团队的设计，经过12小时施工，在指定工位上完成砌筑、铺装、木作、水景营造、植物造景等模块，并将各模块有机结合在一起组成一个小花园景观作品。

2020年和2021年的国赛，与世界技能大赛全国选拔赛（简称世赛）接轨，无设计比赛，只有施工比赛。两名参赛选手根据大赛组委会统一提供的施工图，在指定的环境中采用承办方统一提供的设备和材料，在22小时内完成一个49m²（7m×7m）的小花园景观施工。参赛选手只能选用统一提供的施工材料，在完成每天测评模块的前提下，可以提前进行次日考核模块的施工。

2022年的国赛，加大了难度，不光是增加了设计比赛，而且设计与施工只由两名选手完成（施工时间还比前两年缩短了1小时）。两名参赛选手首先根据规定的总平面布局与标高，在3小时内完成一套7m×7m的小花园景观施工图设计，然后根据自己设计的施工图经过21小时施工，在指定工位上完成砌筑、铺装、木作、水景、绿植等五大模块的施工。

2023年的国赛，教育部要求比赛时间缩短为二天，赛项名称恢复为"园林景观设计与施工"。比赛方式与2018年和2019年的形式相似，施工场地面积恢复为30m²（5m×6m）。与2018年和2019年不同之处，设计部分不是自由发挥，而是按照大赛组委会和专家组提供的三张总图（总平面图、尺寸定位图、竖向设计图）进行设计，设计内容为一张彩色平面图、一张彩色效果图、一套黑白施工图。

2023年国赛"园林景观设计与施工"赛项由上海农林职业技术学院承办，于2023年7月举行，比赛时间为二天。两名设计选手先进行设计比赛，比赛时间4小时；然后另两名施工选手按照本团队的施工图进行施工比赛，比赛时间12小时。跟往年一样，参赛选手只能选用统一提供的施工材料，在完成当天规定的测评模块的前提下，可以提前进行次日考核模块的施工。

在教育部每年举办全国职业院校技能大赛"园林景观设计与施工"赛项的同时，人力资源社会保障部每隔两年举办一次世界技能大赛全国选拔赛。2018年6月由人力资源社会保障部主办、广东省人民政府承办的第45届世界技能大赛全国选拔赛在广州举行，比赛场地面积为30m²（5m×6m）；两名选手参加比赛，按图施工，比赛时间为12小时。2020年12月由人力资源社会保障部主办、广东省人民政府承办的中华人民共和国第一届职业技能大赛暨第46届世界技能大赛全国选拔赛再次在广州举行，比赛的内容与世赛接轨，比赛的场地面积扩大为49m²（7m×7m）；两名选手参加比赛，按图施工，比赛时间为20小时。2023年9月由人力资源社会保障部主办、天津市人民政府承办的中华人民共和国第二届职业技能大赛暨第47届世界技能大赛全国选拔赛在天津举行，比赛的内容与世赛接轨，比赛的场地面积为36m²（6m×6m）；两名选手参加比赛，按图施工，比赛时间为18小时。

本书根据2017年至2023年全国职业院校技能大赛"园林景观设计与施工"赛项和世界技能大赛全国选拔赛的内容，分五大模块（砌筑、铺装、木作、水电、绿植）展示各个项目的施工工艺与技术要点。每个项目选用学生训练或比赛的作品，配以施工详图、施工模型和文字说明，并有各个项目常见细节问题分析；有的项目还可以扫描二维码观看三维动画，便于初学者在训练和比赛时参考学习。

为充分利用行业资源，本书在校企合作方面进行了积极探索，创新地采用企业牵头、职业院校专业教师参与的合作编写方式。由杭州富阳真知园林科技有限公司何礼华和杭州博古科技有限公司卢承志担任主编，上海农林职业技术学院刘秀云、河南农业职业学院陶良如、江苏农林职业技术学院王剑、杨凌职业技术学院阮煜、潍坊职业学院于真真、池州职业技术学院刘玮芳担任副主编，河南农业职业学院朱彬彬等18位教师参加了编写工作。

本书在编写过程中得到了江苏农林职业技术学院、杨凌职业技术学院、潍坊职业学院、河南农业职业学院、上海农林职业技术学院、池州职业技术学院、北京绿京华生态园林股份有限公司、北京景园人园艺技能推广有限公司、黄山闲庭景观园林工程有限公司、杭州凰家园林景观有限公司、杭州博古科技有限公司、杭州富阳真知园林科技有限公司等校企领导的大力支持，并参考了黄山学院赵昌恒教授等编写的《世界技能大赛园艺项目赛训教程》，在此一并致以衷心的感谢！同时还要感谢为本书提供比赛规程的国赛组委会和专家组以及为本书提供珍贵照片的各参赛院校的指导老师！

由于编写时间仓促，书中难免存在不足和疏漏之处，敬请业内专家和广大读者批评指正！

编　者

2022 年 12 月

目 录
CONTENTS

01 园林景观设计与施工赛项概况

在 2017 年之前，由教育部主办的全国职业院校技能大赛（简称国赛）高职组"园林景观设计"赛项仅限于设计比赛，参赛选手为两名，比赛时间为半天（3.5 小时）。

2017 年由教育部主办、江苏农林职业技术学院承办的国赛"园林景观设计"赛项，赛项名称虽然没变，但是竞赛内容增加了园林工程施工，参赛选手增加到四名，比赛时间为一天半（10.5 小时）。具体的比赛方式为：设计比赛与施工比赛同时进行，两名设计选手按照国赛组委会和专家组的统一命题进行设计，比赛时间为 3.5 小时；两名施工选手则按图施工，比赛场地面积为 20m^2（4m×5m），比赛时间为 10.5 小时。

2018 年和 2019 年由教育部主办、（陕西）杨凌职业技术学院承办的国赛"园林景观设计与施工"赛项，比赛的方式也是"设计+施工"。但与 2017 年相比，设计比赛的形式变了，并且施工比赛场地面积扩大为 30m^2（5m×6m），比赛时间为两天（16 小时）。具体的比赛方式为：两名设计选手先进行设计比赛（4 小时），设计的内容为 30m^2 的小庭院景观（要求设计一张彩色效果图和一套施工图）；然后另两名施工选手根据本团队设计的施工图进行施工比赛（12 小时）。各参赛院校自己设计自己施工，与 2017 年相比加大了比赛的难度。

2020 年教育部提出了新的要求，国赛要与世界技能大赛（简称世赛）接轨。于是 2020 年 11 月由教育部、人力资源和社会保障部联合主办，（山东）潍坊职业学院承办了全国职业院校技能大赛改革试点赛高职组"园艺"赛项。比赛的方式与世赛接轨，赛项名称也与世赛一致（注：为了与前几年赛项名称相统一，本书自定为"园林景观施工"赛项）。具体的比赛方式为：两名参赛选手按图施工，比赛场地面积为 49m^2（7m×7m），比赛时间为三天半（22 小时）。2021 年 6 月，国赛"园艺"赛项（本书自定为"园林景观施工"赛项）再次由（山东）潍坊职业学院承办，比赛方式也是与世赛接轨，两名参赛选手按图施工，比赛时间为 22 小时。

2022 年教育部又提出了更高的要求，不仅施工要与世赛接轨，还增加了施工图设计，并且规定"设计+施工"只由两名选手完成。2022 年 8 月，国赛"园艺"赛项（本书自定为"园林景观设计与施工"赛项）由河南农业职业学院承办，比赛时间为四天（24 小时）。具体的比赛方式为：两名参赛选手先根据大赛组委会提供的总平面布局与标高进行施工图设计，设计内容为 49m^2 小庭院景观的施工图一套，比赛时间为 3 小时；然后两名参赛选手按照自己设计的施工图进行施工，比赛场地面积为 49m^2（7m×7m），比赛时间为 21 小时。

2023 年国赛，教育部要求比赛时间缩短为二天，赛项名称恢复为"园林景观设计与施工"，施工场地面积恢复为 30m^2（5m×6m），四名选手参加比赛。

2023 年国赛"园林景观设计与施工"赛项由上海农林职业技术学院承办，比赛时间为二天（16 小时）。比赛方式为：两名参赛选手先根据大赛组委会提供的总平面图、尺寸标注图与竖向标高图进行设计比赛，设计内容为一张彩色平面图、一张彩色效果图、一套黑白施工图，比赛时间为 4 小时；然后另两名参赛选手按照本团队设计的施工图进行施工，比赛时间为 12 小时。

2023 年国赛"园林景观设计与施工"赛项的试题库，于比赛前 1 个月在大赛信息发布平台上发布。正式比赛时，在监督仲裁组的监督下，工作人员现场公开将序号为 1–10 的号球投放入抽签箱，号球与大赛信息平台上发布的赛题号相对应；然后由裁判长随机选定一名参赛选手作为赛题抽取人，赛题当场随机抽取并公布；30％的神秘题由裁判长解封并当场公布。

"园林景观设计与施工"赛项的总成绩，每年略有不同。2017 年、2018 年、2019 年的国赛，由设计和施工两部分组成，设计 100 分，施工 100 分，总分为 200 分；2020 年、2021 年的国赛，只有施工 100 分；2022 年国赛，总分 100 分 = 设计 100 分 ×20%+施工 100 分 ×80%；2023 年国赛，总分 100 分 = 设计 100 分 ×30%+施工 100 分 ×70%。

"园林景观设计与施工"赛项的成绩保留到小数点后两位，若出现总成绩并列的情况，以施工分高的参赛队为胜；若施工分仍相同，以施工客观分高的参赛队为胜。

成绩审核：为保障成绩评判的准确性，监督仲裁组将对赛项总成绩排名前 30% 的参赛队的成绩进行复核；对其余参赛队的成绩进行抽检复核，抽检覆盖率不得低于 15%。若发现成绩有错误，以书面方式告知裁判长，由裁判长更正成绩并签字确认。若复核、抽检错误率超过了 5%，裁判组将对所有成绩进行复核。

成绩公示：记分员将解密后的各参赛队成绩汇总成比赛成绩单，经裁判长、监督仲裁组长签字后，在指定地点以纸质形式公示比赛结果。

申诉与仲裁：在比赛过程中若出现有失公正或有关人员违规等现象，参赛队领队可在成绩公示后 2 小时之内向仲裁组提出书面申诉。书面申诉应对申诉事件的现象、发生时间、涉及人员、申诉依据等进行充分且实事求是的叙述，并由领队亲笔签名。非书面申诉不予受理。

赛项仲裁工作组在接到申诉后 2 小时内组织复议，并及时反馈复议结果。申诉方对复议结果仍有异议，可由省（区、市）领队向赛区仲裁委员会提出申诉。赛区仲裁委员会的仲裁结果为最终结果。

成绩公布：成绩公示 2 小时无异议或对申诉复议结果无异议后，将赛项总成绩的最终结果录入赛务管理系统，经裁判长、监督仲裁组长在成绩单上审核签字后，在闭赛式上宣布。

"园林景观设计与施工"赛项的奖项设定如下：

1.奖项名称：全国职业院校技能大赛"园林景观设计与施工"赛项。

2.奖项比例：设一、二、三等奖。以实际参赛队总数为基数，一、二、三等奖的获奖比例分别为 10%、20%、30%（小数点后四舍五入）。

3.获奖选手由全国职业院校技能大赛组委会颁发证书。

4.获得一等奖选手的指导教师获"优秀指导教师奖"，由全国职业院校技能大赛组委会颁发证书。

2017 年国赛的设计比赛，两名参赛选手根据大赛组委会和专家组的要求，设计一个 2000m² 的庭院景观，提供一张彩色平面图和局部彩色效果图。

2018 年和 2019 年国赛的设计比赛，两名参赛选手根据大赛组委会和专家组的要求，并按照规定的场景和材料，自行设计小花园景观，提供一张彩色效果图和一套施工图。

2020 年和 2021 年的国赛，只有施工比赛，无设计比赛。

2022 年和 2023 年国赛的设计比赛，两名参赛选手根据大赛组委会和专家组提供的施工说明、总平面图、尺寸定位图、竖向标高图及竞赛规程中的材料清单，完成种植设计图、水电布置图、水池详图、砌筑详图、铺装详图、木作详图等，并按要求输出图纸（一套完整的施工图）。

2.1 设计比赛场地与要求

设计比赛的计算机机房，电脑不少于 130 台；每组两台电脑通过局域网相联，各组之间独立运行。机房需配有多媒体讲台，包括投影仪、交换机、服务器、投影屏幕等设备；多媒体讲台主控电脑可发送电子文件至每组电脑，并可收取参赛选手的作品文件。机房需安装监控设备，比赛环境应安全、安静无干扰。

2.2 设计要求

2022 年国赛的设计不能改变试题中硬质景观的位置、尺寸、标高以及水池的定位点、乔木的种植定位点，并根据提供的图纸和材料清单，合理运用地形、水体、植物、木作小品等，要求构思新颖，具有独创性、经济性和可行性。植物材料须全部使用完（除草皮外），硬质景观材料根据需要选择使用，在不改变水池定位点的前提下可以调整水面形状。设计应符合国家现行相关法律法规，图面表达清晰、美观并符合制图规范。2023 年国赛还要求画彩色平面图和彩色效果图。

2.3 设计应用软件

2022 年国赛的设计比赛，承办方提供 Windows 7 操作系统、AutoCAD 2012 中文版、中望 CAD 2020 教育版、Office 2007 以及 PDF 合成软件等计算机应用软件。2023 年国赛的设计软件，还增加了 PhotoshopCS6 中文版、SketchUp2016 中文版。设计图中的图例由国赛组委会统一提供。

2.4 设计图纸组成

设计图纸至少包括以下内容：

（1）封面、目录、施工说明；

（2）总平面图、平面尺寸定位图、竖向标高设计图；

（3）水电布置图（包括材料清单）、种植设计图（包括苗木统计表）；

（4）干垒石墙、小筒瓦景墙、砖砌花池、钢板花池等结构详图；

（5）地面铺装（花岗岩、透水砖、小料石、火山岩等）结构详图；

（6）木作（木平台、木坐凳、绿植墙、木作小品等）结构详图；

（7）水池结构详图。

2.5 图纸输出和提交要求

设计选手最终将 1 个 dwg 格式的文件、1 个 pdf 格式的文件保存在 1 个文件夹里并压缩后提交。如图 1 至图 3 所示。

"工位号 .dwg"文件为全套施工图，图纸选用 A3 图幅，图框自行设计，自定比例和图纸数量。参赛选手设计完成后使用布局排版，所有图纸排在一个布局里，按图号顺序从左向右、从上向下依次排列。如图 4 所示。

"工位号 .pdf"文件内容，从前到后为 A3 图幅 pdf 格式施工图一套，如图 5 所示。

图 1 两种格式的文件　　　　　图 2 保存为一个文件夹　　　　　图 3 提交的压缩文件

图 4 "工位号 .dwg"文件打开后的内容

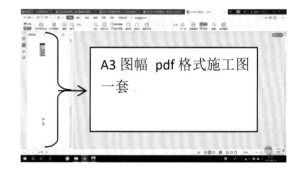
图 5 "工位号 .pdf"文件打开后的内容

2.6 设计评分标准

2022 年国赛"设计部分"评分标准（共 100 分）

序号	考核内容	考 核 要 点	分值
1	图纸输出 （15 分）	2 名选手分工合理，能协作完成任务	3 分
		在 AutoCAD 软件中布局统一用 A3 纸排版（2 分）， 图框自行设计（2 分）	4 分
		所有图纸按照顺序从前到后合并成一个 pdf 文件提交（2 分）， 封面，目录的图名、图号、图幅等与详图对应，编写符合制图规范（2 分）	4 分
		按照提供的图纸，正确绘制施工设计说明、总平面图、尺寸定位图、 竖向设计图（各 1 分）	4 分

续表

序号	考核内容	考核要点	分值
2	种植设计图（15分）	植物数量、冠幅与提供材料相符（3分）， 乔灌草搭配合理（3分）， 图例选用符合制图规范（2分）， 苗木统计表图例、规格、数量等正确（2分）， 定点植物坐标正确（2分），植物标注正确（3分）	15分
3	水电布置图（5分）	与总平面图、水景详图等相符（1分）， 给水、排水、溢水等设施表达正确，符合制图规范（2分）， 电路布置正确，符合制图规范（2分）	5分
4	水池详图（5分）	平面大样图、结构剖面图与总平面图相符（1分）， 绘制比例、线型、线宽、剖切符号等正确，符合制图规范（1分）， 平面大样图、尺寸、材料标注正确（1分）， 结构剖面图、尺寸、材料标注正确（2分）	5分
5	砌筑详图（20分）	瓦片景墙平面大样图、结构图与总平面图相符（1分）， 比例、线型、线宽、剖切符号符合制图规范（1分）， 平面大样图、尺寸、材料标注正确（1分）， 结构图结构层符合规范，尺寸、材料和文字标注正确（2分）	5分
		黄木纹石墙（同上）	5分
		砖砌花池（同上）	5分
		钢板花池（同上）	5分
6	铺装详图（20分）	花岗岩铺装施工图索引符号、详图符号正确（1分）， 平面大样图、结构图的尺寸、材料标注正确（2分）， 比例、线型、线宽正确（2分）	5分
		透水砖铺装（同上）	5分
		小料石铺装（同上）	5分
		火山岩铺装（同上）	5分
7	木作详图（20分）	木平台平面大样图、结构图与总平面图相符（1分）， 比例、线型、线宽符合制图规范（2分）， 结构、材料符合制图规范（2分）	5分
		木坐凳（同上）	5分
		绿植墙（同上）	5分
		木作小品（同上）	5分
合　　计			100分

2.7 施工图设计案例

以下为2022年全国职业院校技能大赛高职组"园林景观设计与施工"赛项试题（十）施工图设计案例。

（注：两名参赛选手根据大赛组委会和专家组提供的总平面图、尺寸定位图、竖向标高图、绿植墙样式图、创意景墙样式图等进行施工图设计，比赛时间为3小时。）

专业	景观	结构	给排水	电气
签名				
日期				

施　工　说　明

一、本施工图为全国职业院校技能大赛园艺赛项使用，如果和行业施工规范不一致，请遵照本图要求进行实施。

二、所有砌筑项目，基础部分均须进行开挖、夯实（石墙、景墙、花池最下面一层材料的底面不得高于工位钢框表面，景墙、花池基础层施工不需要采用放脚形式）；石墙采用黄木纹片岩干垒，垒砌时上下不能通缝，缝隙间不可以填土或细砂，应回填块料或砾石；如果片岩尺寸较小，可分内外两片垒砌，顶层须设置不少于4块的横向连接。景墙样式须以给定样式为准；花池用标准砖水泥砂浆砌筑，图示尺寸为花池墙体尺寸，压顶板采用外沿悬挑2cm的方式；砂浆填缝须饱满（勾缝）。砌筑用砂浆由选手现场拌和。

三、木平台上下层结构应为一整体，龙骨布置须受力清晰且合理，立柱基础下采用垫砖形式;绿墙样式须以给定样式为准。

四、地面铺装应在素土夯实、找平后进行块料铺装。花岗岩铺装须密缝且错缝铺设，小料石铺装须用细砂填缝，填缝须密实；小料石铺装中，边角部分二次加工须用凿子加工，严禁使用切割机切割。

五、水池采用自然式水池，尺寸定位图中，水池水岸线设计须经过图示三个坐标，水池开挖完成后，应先进行夯实，再用细砂找平后方可铺防水膜，最后均匀洒铺卵石进行镇压。

六、植物种植应按照“定位→挖种植穴→解除包装物（根、茎、叶、形修饰和摘除标签）→种植回填→浇水”这个基本流程进行；草坪铺设前，应对作业面进行一次夯实，避免不均匀沉降，保证坪床平整。有条件的应该均匀洒铺一层细砂后再铺设草皮卷。铺设完成后，还要进行洒水和夯实。

七、本图纸第一天须完成黄木纹石墙干垒、24景墙砌筑；

第二天须完成18墙花池砌筑、木平台安装；

第三天须完成钢板安装、全部铺装施作；

第四天须完成绿墙、木座凳、水景、植物种植。

八、本说明未尽之处，由技术专家组最终解释。

图名	施工说明			园艺赛项试题10	
图号	A3	版本号			
比例	1:35	命题者			
日期	2021.12	设计阶段	施工图	编号	

▲ 2022 年国赛“园林景观设计与施工”赛项组委会和专家组提供的“施工说明”（注：部分说明的描述有问题，需要参赛选手进行修正）

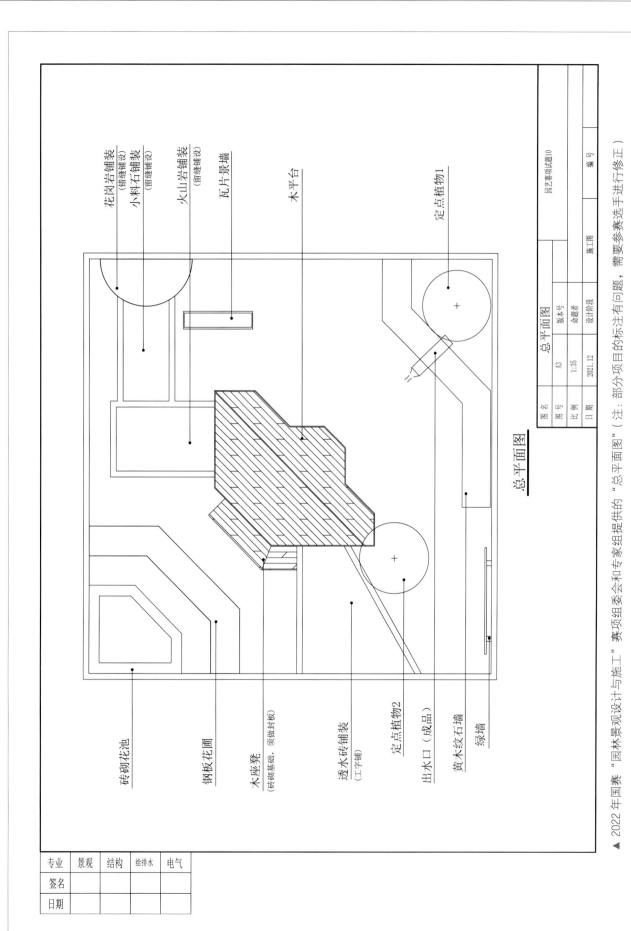

花岗岩铺装
(错缝铺设)

小料石铺装
(留缝铺设)

火山岩铺装
(留缝铺设)

瓦片景墙

木平台

定点植物1

砖砌花池

钢板花圃

木座凳
(砖砌基础，须做封板)

透水砖铺装
(工字铺)

定点植物2

出水口（成品）

黄木纹石墙

绿墙

总平面图

图名			总平面图		园艺赛项题10
图号	A3	版本号			
比例	1:35	会圆者	设计阶段	施工图	
日期	2021.12				编号

专业	景观	结构	给排水	电气
签名				
日期				

▲ 2022年国赛"园林景观设计与施工"赛项组委会和专家组提供的"总平面图"（注：部分项目的标注有问题，需要参赛选手进行修正）

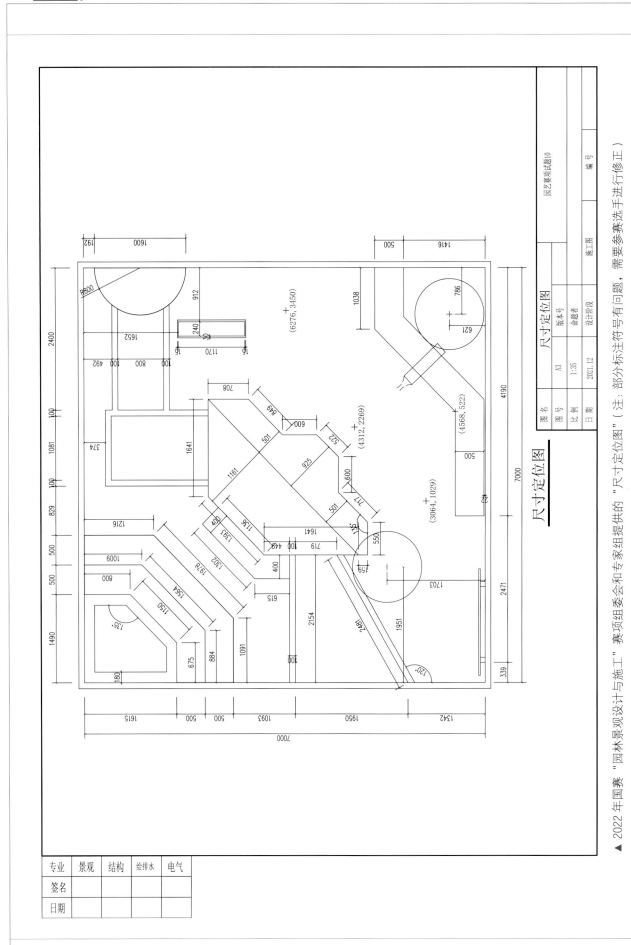

尺寸定位图

▲ 2022年国赛"园林景观设计与施工"赛项组委会和专家组提供的"尺寸定位图"（注：部分标注符号有问题，需要参赛选手进行修正）

图名		尺寸定位图		园艺赛项试题10	
图号	A3	版本号			
比例	1:35	命题者			
日期	2021.12	设计阶段		施工图	编号

专业	景观	结构	给排水	电气
签名				
日期				

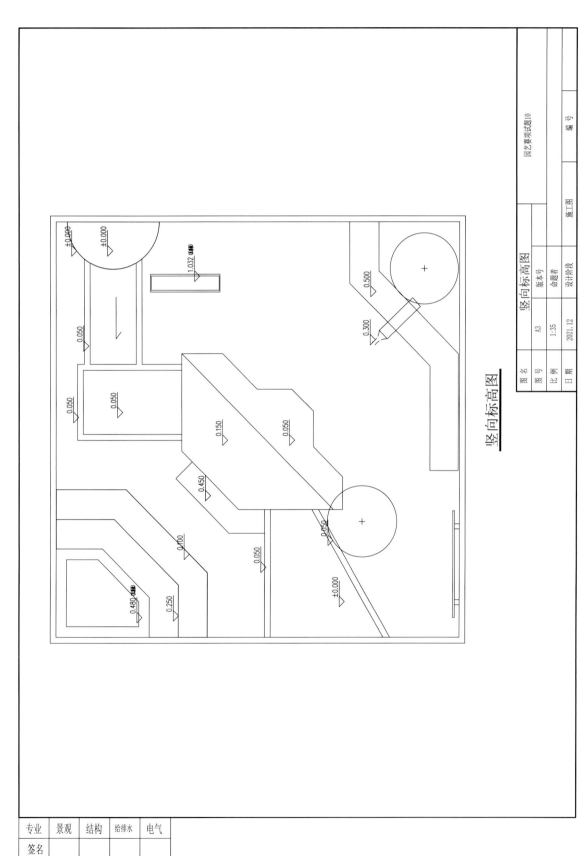

竖向标高图

▲ 2022 年国赛 "园林景观设计与施工" 赛项组委会和专家组提供的 "竖向标高图"（注：标高符号有问题，需要参赛选手进行修正）

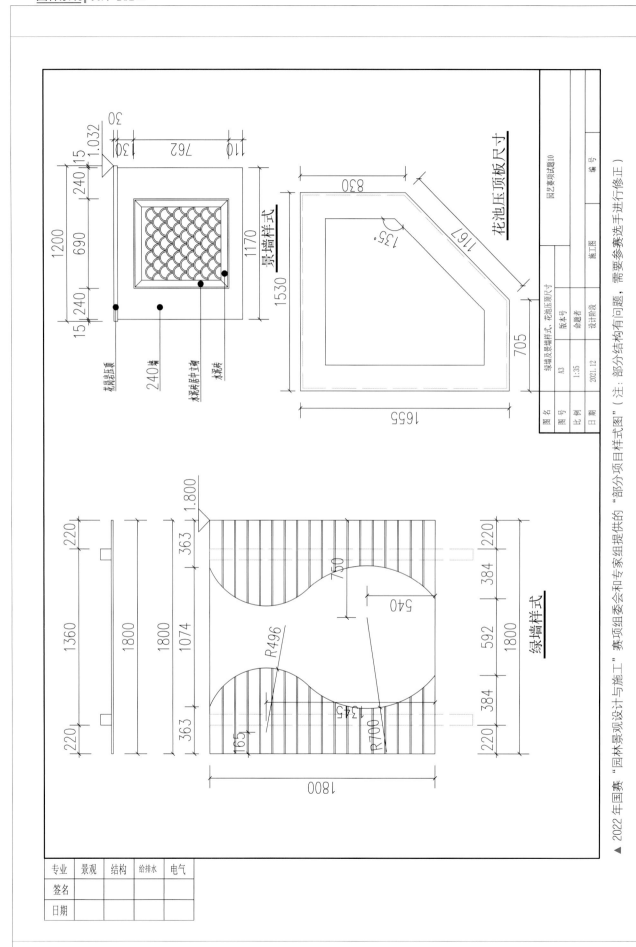

景墙样式

绿墙样式

绿墙及景墙样式、花池压顶尺寸

花池压顶板尺寸

花池压顶板尺寸

花岗岩压顶

240墙

水泥砖居中平砌

水泥砖

图 名	绿墙及景墙样式、花池压顶尺寸		
图 号	A3	版本号	
比 例	1:35	命题者	
日 期	2021.12	设计阶段	

园艺赛项试题10

施工图

编号

▲ 2022年国赛"园林景观设计与施工"赛项组委会和专家组提供的"部分项目样式图"（注：部分结构有问题，需要参赛选手进行修正）

专业	景观	结构	给排水	电气
签名				
日期				

2022年全国职业院校技能大赛（高职组）

——园林景观设计与施工赛项试题（十）施工图

2022年8月

图 纸 目 录

序号	图号	图 名	图幅	张数	备 注
1	ZS-SM	施工说明	A3	1张	
2	ZS-01	总平面图	A3	1张	1:30
3	ZS-02	尺寸定位图	A3	1张	1:30
4	ZS-03	竖向设计图	A3	1张	1:30
5	LS-01	植物配置图	A3	1张	1:40
6	SD-01	水电布置图	A3	1张	1:40
7	YS-01	干垒石墙施工详图	A3	1张	见详图
8	YS-02	瓦片景墙施工详图	A3	1张	1:10
9	YS-03	砖砌花池施工详图	A3	1张	见详图
10	YS-04	钢板花池施工详图	A3	1张	见详图
11	YS-05	花岗岩、小料石施工详图	A3	1张	见详图
12	YS-06	透水砖、火山岩施工详图	A3	1张	见详图
13	YS-07	木平台施工详图	A3	2张	见详图
14	YS-08	木坐凳施工详图	A3	1张	1:10
15	YS-09	绿植墙施工详图	A3	1张	见详图
16	YS-10	水池施工详图	A3	1张	见详图
17	YS-11	木作小品施工详图	A3	1张	见详图

施 工 说 明

一、本施工图为全国职业院校技能大赛园艺赛项使用，如果和行业施工规范不一致，请遵照本图要求进行施工。

二、所有砌筑项目，基础部分均须进行开挖，花池最下层材料的底面不得高于工位钢框表面，花池基础施工不需采用放大脚形式）。石墙采用黄木纹片岩干垒，垒砌时上下不能通缝，缝隙间不可以填土或细砂，应回填块料或碎石；如果片岩尺寸较小，可分内外两片垒砌，顶层须设置不少于4块的纵向连接。景墙式须以给定样式为准；花池用标准水泥砖砂浆砌筑，图示尺寸为花池墙体尺寸，压顶板采用外沿基挑2cm的方式，砂浆填缝须饱满（勾缝）。砌筑用水泥砂浆，由选手现场按1:3比例拌和。

三、木平台为双层结构，上下层结构应为一体，龙骨布置须受力均匀且合理，立柱基础下采用垫砖形式；木坐凳的基座，须用水泥砖砂浆砌筑；绿植墙墙样式须以给定样式为准。

四、地面铺装应在素土夯实、找平后进行块料铺装。花岗岩铺装须按设计意图错缝铺设，小料石铺装须用细砂填缝，填缝须密实，小料石铺装中，边角部分一次加工须用凿子加工，严禁使用切割机切割。

五、水池采用自然式水池，尺寸定位图中，水池水岸线设计须经过图示图示完成后，应先进行夯实，再用细砂找平后方可铺设防水膜，最后均匀撒铺卵石进行覆盖（满铺）。

六、植物种植应按照"定位→挖种植穴→解除种植包装物（根、茎、叶、形修饰和摘除标签）→种植土回填→浇水"这个基本流程进行。草皮铺设前，应对作业面进行耙松，然后铺设草皮卷；草皮铺设完成后，要进行洒水和拍实。

七、本图纸第一天须完成花池砌筑、24景墙砌筑；
第二天须完成18墙花池砌筑、木平台砌筑；
第三天须完成钢板花池安装、黄木纹石墙干垒，木平台制作与安装；
第四天须完成绿植墙安装，全部铺装施工，木坐凳，水景，植物种植。

八、本说明未尽之处，由技术专家组最终解释。

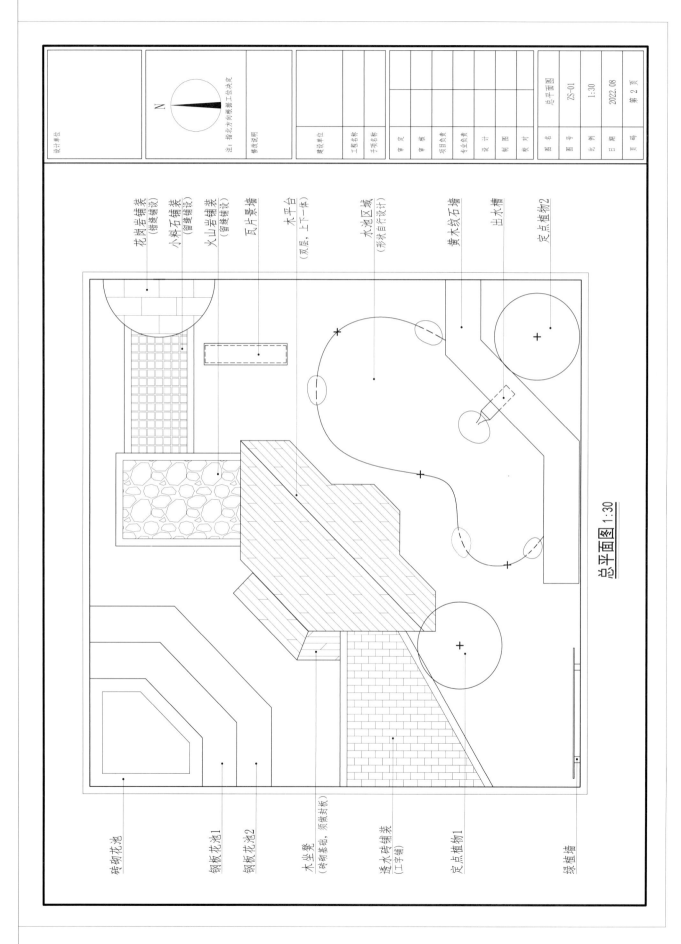

总平面图 1:30

花岗岩铺装
（错缝铺设）

小料石铺装
（留缝铺设）

火山岩铺装
（留缝铺设）

瓦片景墙

木平台
（双层，上下一体）

水池区域
（形状自行设计）

黄木纹石墙

出水槽

定点植物2

砖砌花池

钢板花池1

钢板花池2

木坐凳
（砖砌基础，须做封板）

透水砖铺装
（工字铺）

定点植物1

绿植墙

注：指北方向根据工位决定

N

设计单位

修改说明

建设单位

工程名称

子项名称

审定

审核

项目负责

专业负责

设计

制图

校对

图名　总平面图

图号　ZS-01

比例　1:30

日期　2022.08

页码　第2页

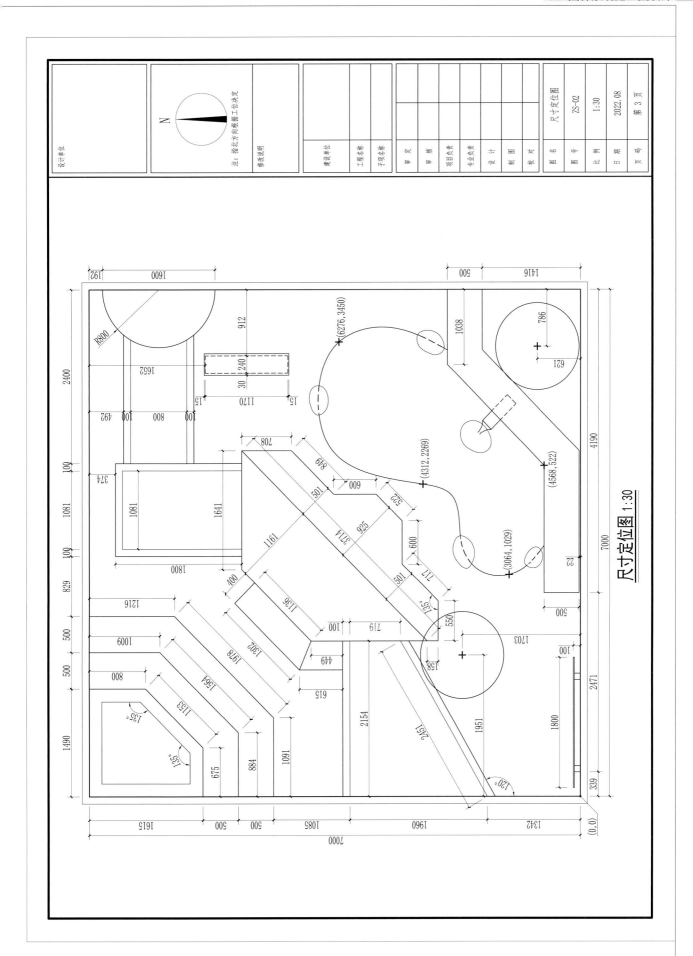

尺寸定位图 1:30

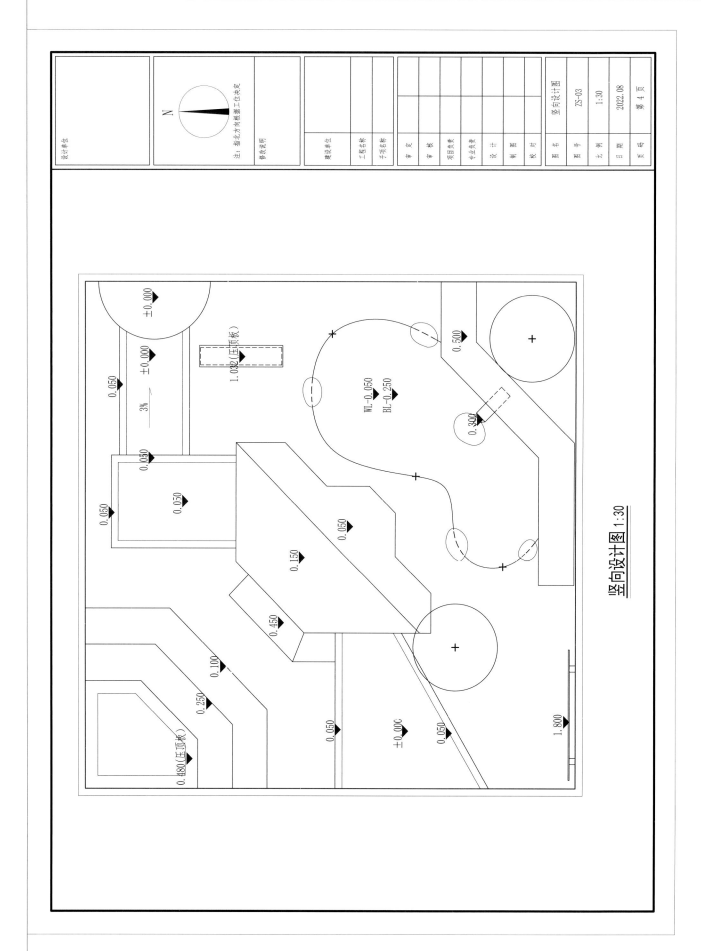

竖向设计图 1:30

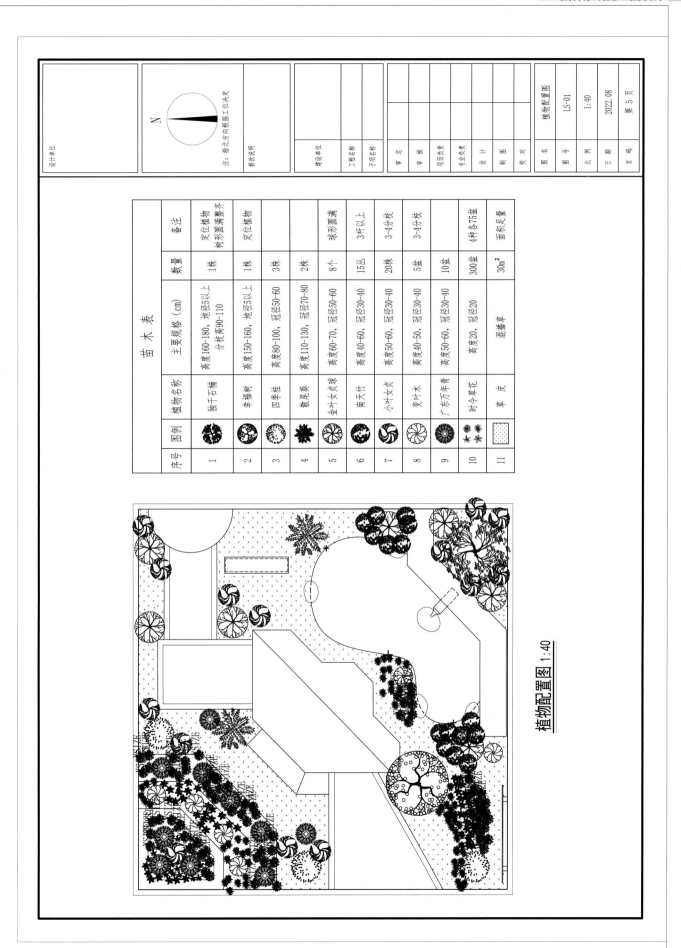

苗 木 表

序号	图例	植物名称	主要规格（cm）	数量	备注
1		独干石楠	高度160-180，地径5以上 分枝高90-110	1株	定位植物 树形圆满整齐
2		幸福树	高度150-160，地径5以上	1株	定位植物
3		四季挂	高度80-100，冠径50-60	3株	
4		散尾葵	高度110-130，冠径70-80	2株	
5		金叶女贞球	高度60-70，冠径50-60	8个	球形圆满
6		南天竹	高度40-60，冠径30-40	15丛	3杆以上
7		小叶女贞	高度50-60，冠径30-40	20株	3-4分枝
8		变叶木	高度40-50，冠径30-40	5盆	3-4分枝
9		广东万年青	高度50-60，冠径30-40	10盆	
10		时令草花	高度20，冠径20	300盆	4种各75盆
11		草皮	混播草	30m²	面积尺量

设计单位

注：指北方向根据工位决定

修改说明

建设单位

工程名称

子项名称

审定

审核

项目负责

专业负责

设计

制图

校对

图名　植物配置图
图号　LS-01
比例　1:40
日期　2022.08
页码　第5页

植物配置图 1:40

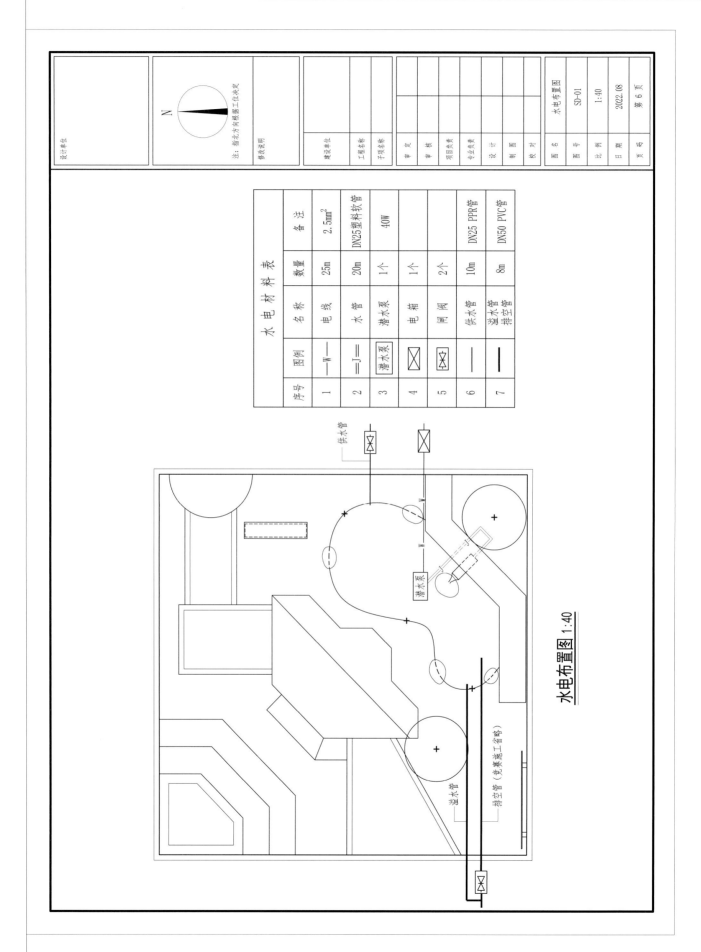

水电材料表

序号	图例	名称	数量	备注
1	—W—	电线	25m	2.5mm²
2	=J=	水管	20m	DN25塑料软管
3	潜水泵	潜水泵	1个	40W
4	⊠	电箱	1个	
5	⊠	闸阀	2个	
6	—	供水管	10m	DN25 PPR管
7	∣	溢水管	8m	DN50 PVC管
		排空管		

水电布置图 1:40

设计单位

注：指北方向根据工位决定
修改说明

建设单位
工程名称
子项名称

审定
审核
项目负责
专业负责
设计
制图
校对

图名　水电布置图
图号　SD-01
比例　1:40
日期　2022.08
页码　第6页

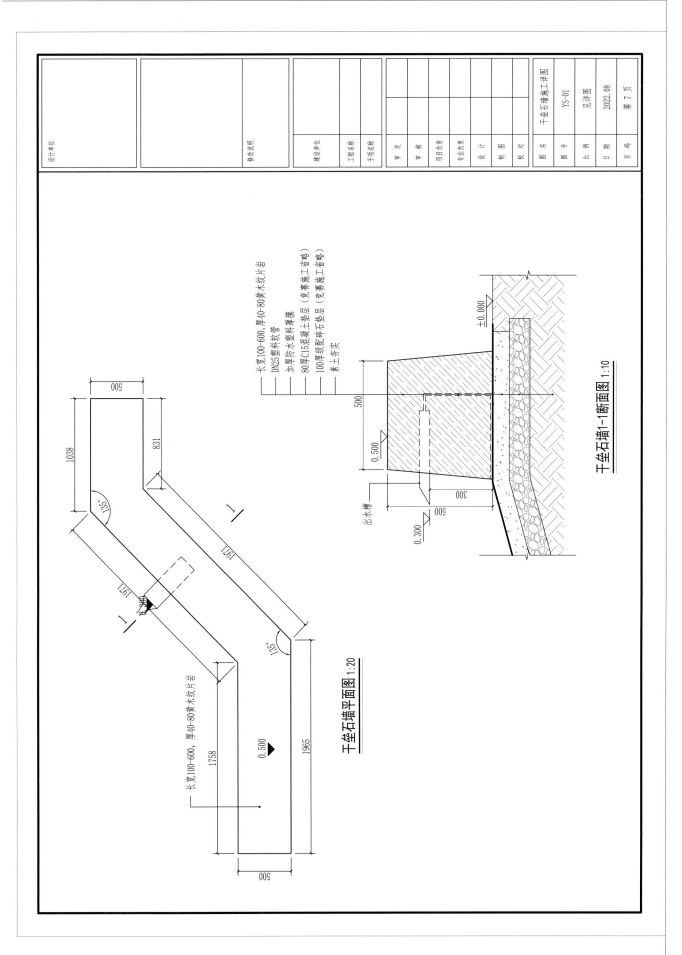

干垒石墙平面图 1:20

干垒石墙1-1断面图 1:10

长宽100~600，厚40~80黄木纹片岩
DN25塑料软管
加厚防水塑料薄膜
80厚C15混凝土垫层（竞赛施工省略）
100厚级配碎石垫层（竞赛施工省略）
素土夯实

出水槽

| | | | 干垒石墙施工详图 | YS-01 | | |
| 设计单位 | 修改说明 | 建设单位 工程名称 子项名称 | 审 定 审 核 项目负责 专业负责 设 计 制 图 校 对 | 图 名 图 号 比 例 日 期 页 码 | 干垒石墙施工详图 见详图 2022.08 第 7 页 | |

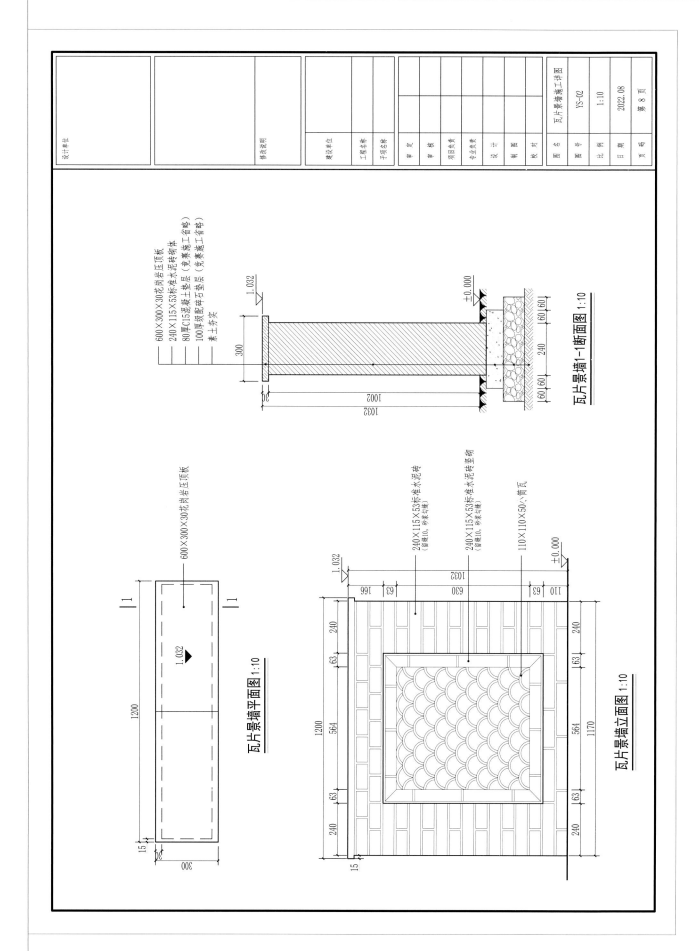

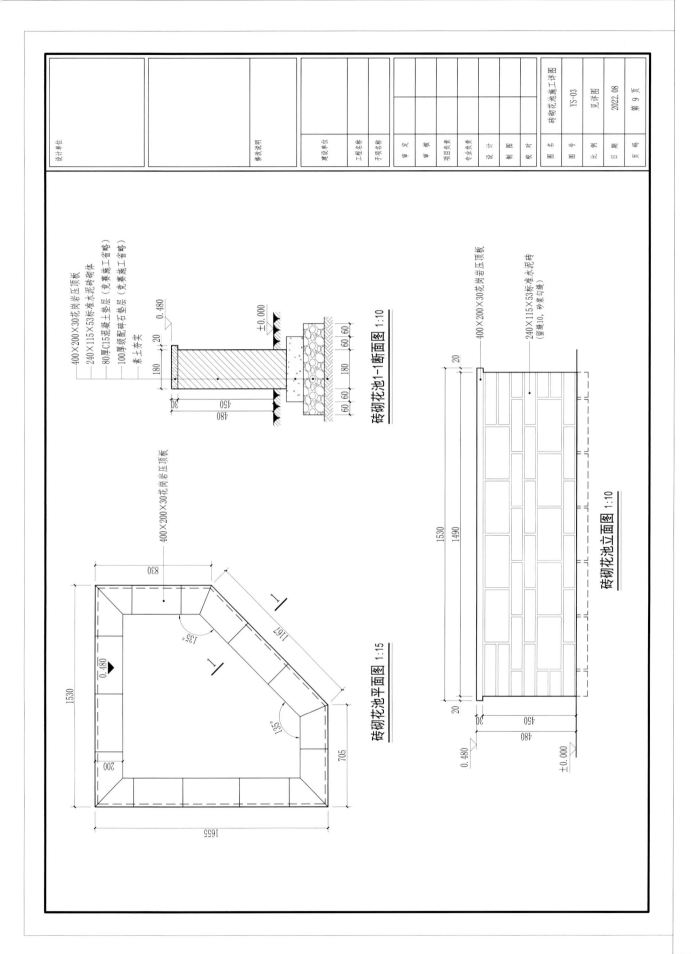

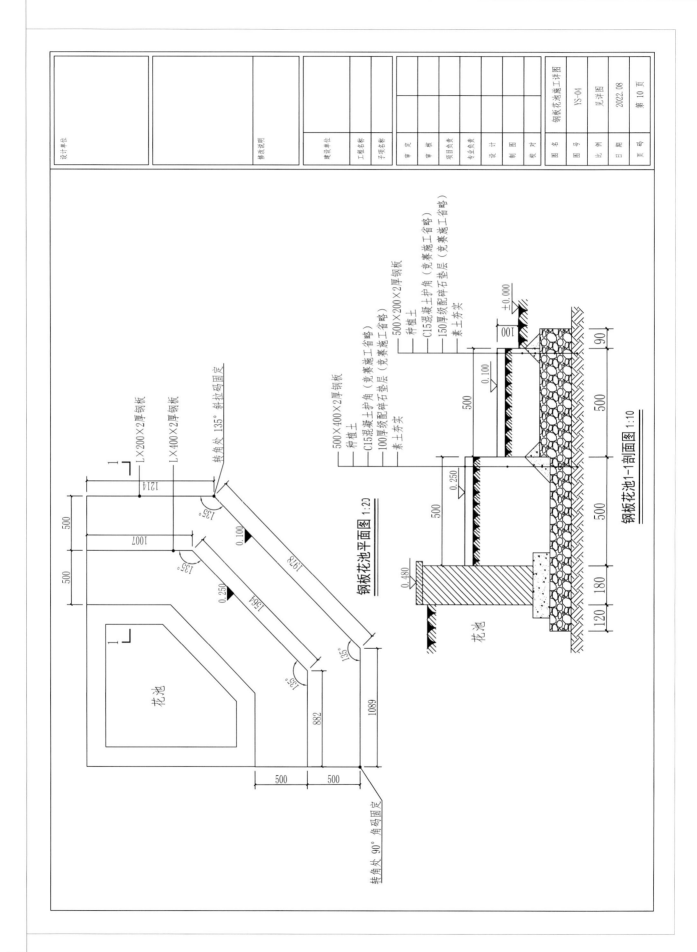

钢板花池平面图 1:20

钢板花池1-1剖面图 1:10

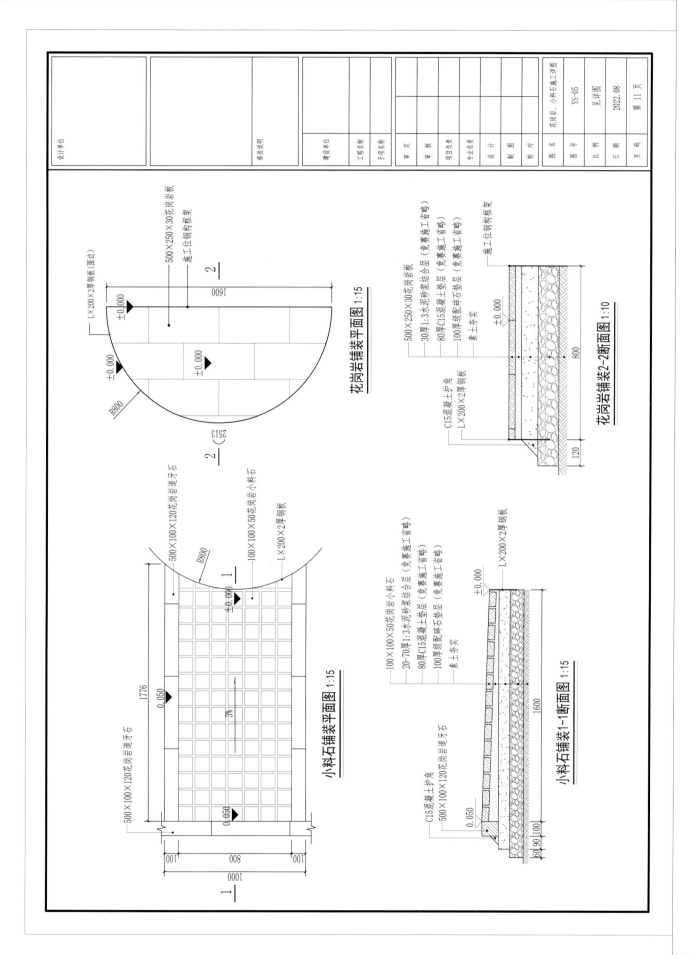

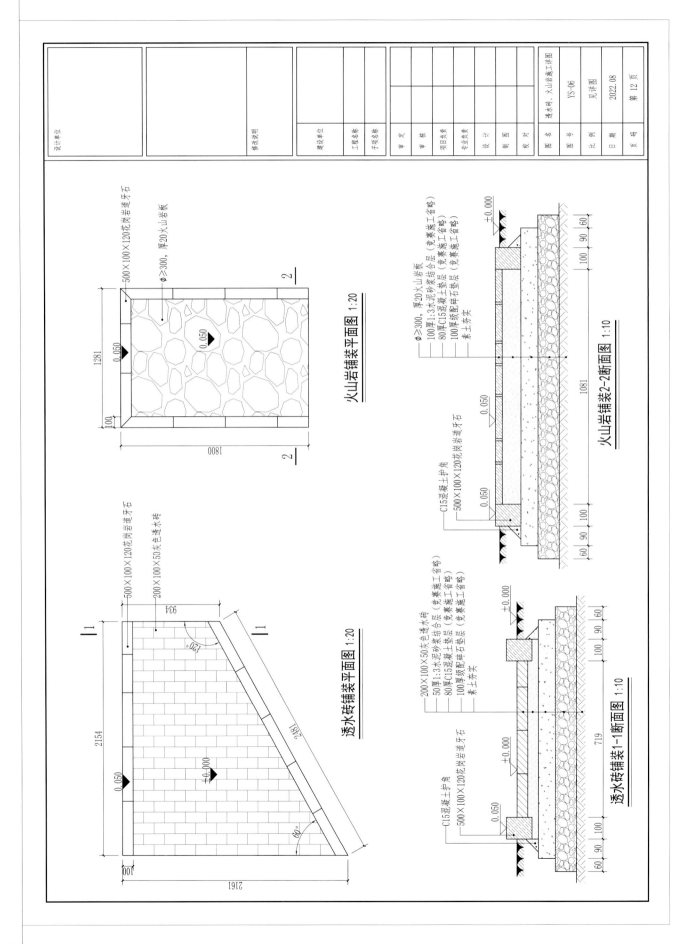

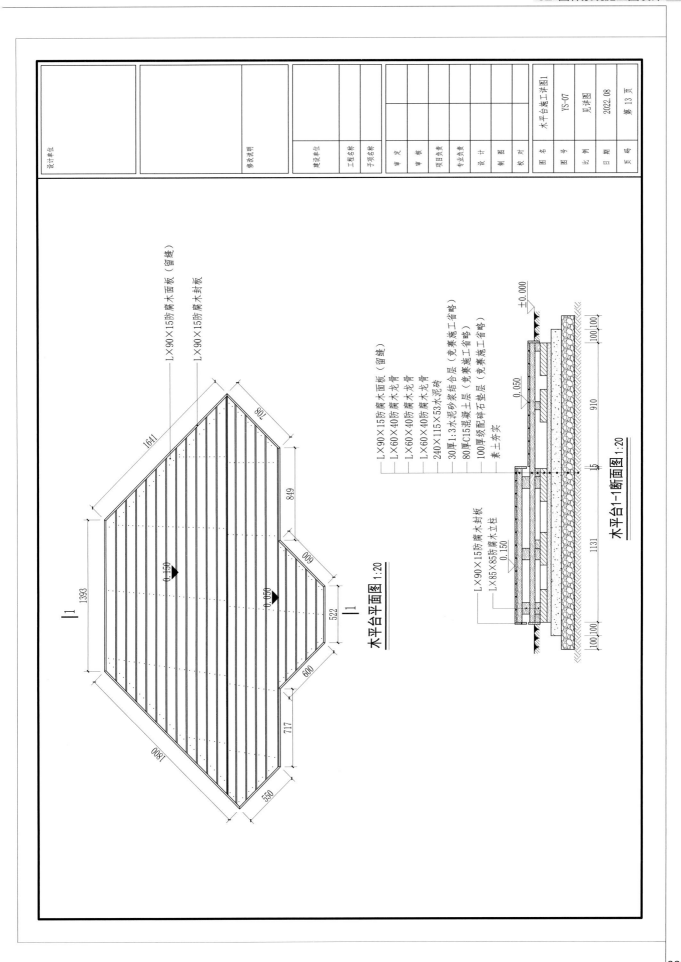

木平台平面图 1:20

L×90×15防腐木面板（留缝）
L×90×15防腐木封板

木平台1-1断面图 1:20

L×90×15防腐木面板（留缝）
L×60×40防腐木龙骨
L×60×40防腐木龙骨
L×60×40防腐木龙骨
240×115×53水泥砖
30厚1:3水泥砂浆结合层（竞赛施工省略）
80厚C15混凝土层（竞赛施工省略）
100厚级配碎石垫层（竞赛施工省略）
素土夯实

L×90×15防腐木封板
L×85×85防腐木立柱

±0.000
0.050
0.150
0.050
0.150

									水平台施工详图1		
设计单位			修改说明		建设单位	工程名称	子项名称	审定	审核	项目负责	专业负责	设计	制图	校对	图名	YS-07	图号
															见详图	比例
															2022.08	日期
															第13页	页次号

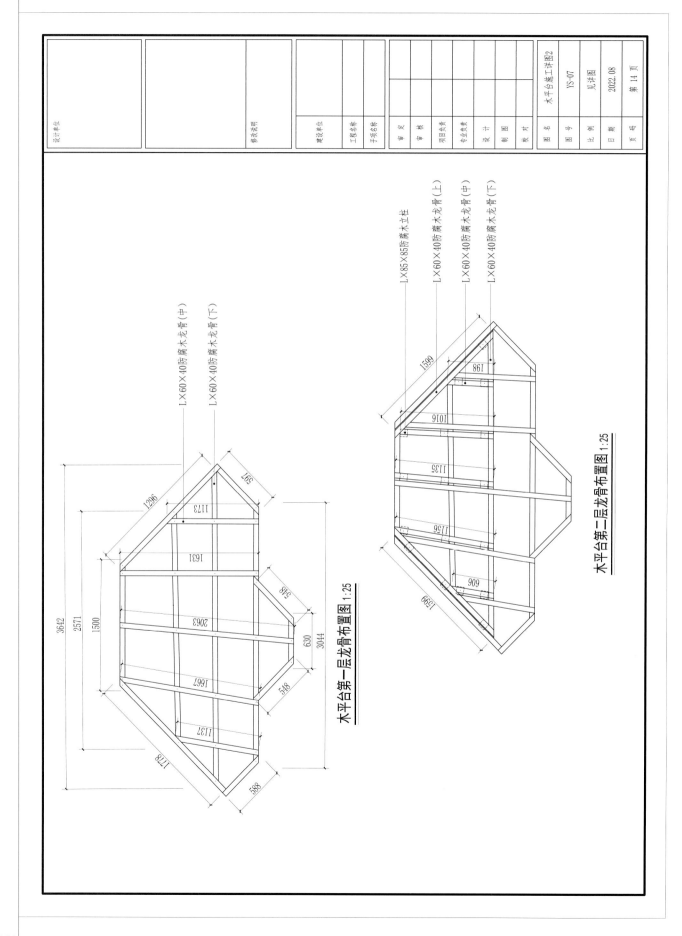

木平台第一层龙骨布置图 1:25

L×60×40防腐木龙骨（中）
L×60×40防腐木龙骨（下）

1296
597
1173
1631
3642
2571
1500
2063
630
3044
548
518
1667
1137
1778
588

木平台第二层龙骨布置图 1:25

L×85×85防腐木立柱
L×60×40防腐木龙骨（上）
L×60×40防腐木龙骨（中）
L×60×40防腐木龙骨（下）

1599
198
1016
1135
1156
606
606
1599

设计单位

修改说明

建设单位
工程名称
子项名称

审定
审核
项目负责
专业负责
设计
制图
校对

图名　木平台施工详图2
图号　YS-07
比例　见详图
日期　2022.08
页号　第 14 页

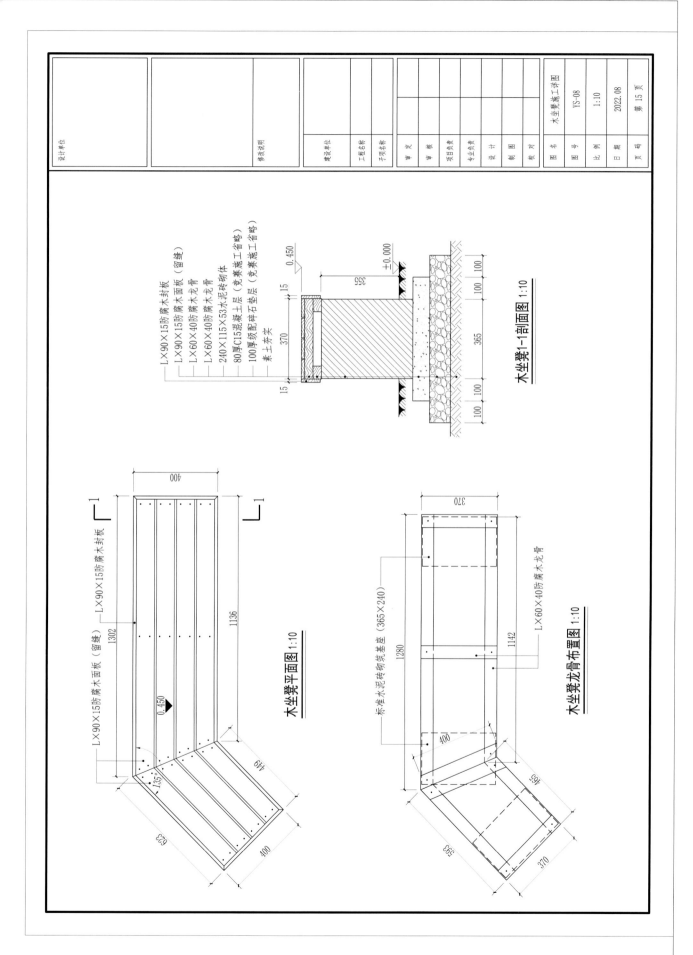

木坐凳1-1剖面图 1:10

L×90×15防腐木封板
L×90×15防腐木面板（留缝）
L×60×40防腐木骨
L×60×40防腐木龙骨
240×115×53水泥砖砌体
80厚C15混凝土层（竞赛施工省略）
100厚级配碎石垫层（竞赛施工省略）
素土夯实

木坐凳平面图 1:10

L×90×15防腐木封板
L×90×15防腐木面板（留缝）

木坐凳龙骨布置图 1:10

标准水泥砖砌筑基座（365×240）
L×60×40防腐木龙骨

设计单位
修改说明
建设单位
工程名称
子项名称
审定
审核
项目负责
专业负责
设计
制图
校对
图名　木坐凳施工详图
图号　YS-08
比例　1:10
日期　2022.08
页号　第15页

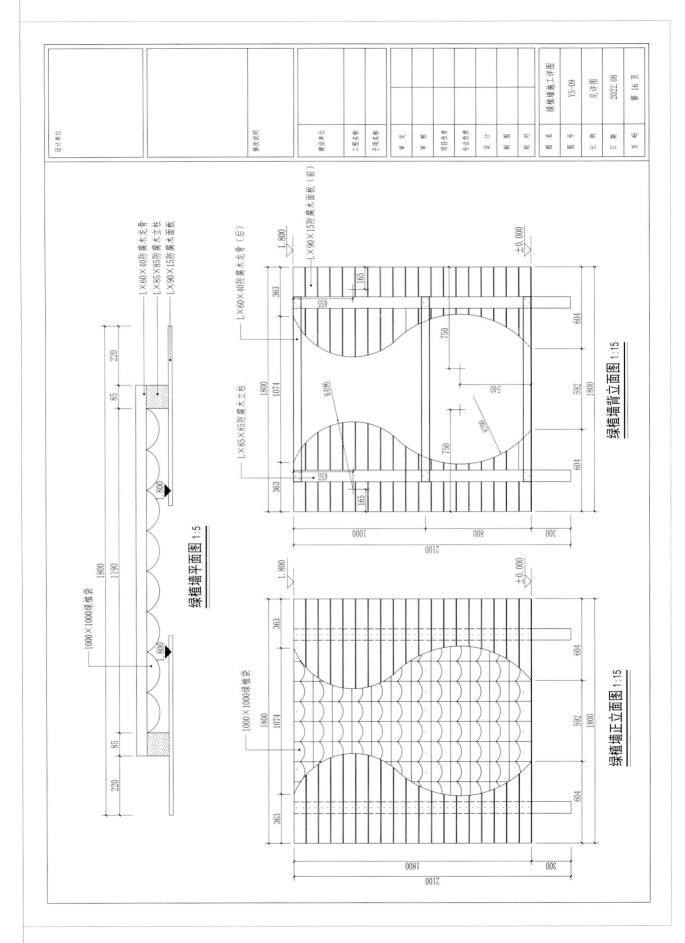

绿植墙平面图 1:5

绿植墙正立面图 1:15

绿植墙背立面图 1:15

L×60×40防腐木龙骨
L×85×85防腐木立柱
L×90×15防腐木面板

1000×1000绿植袋

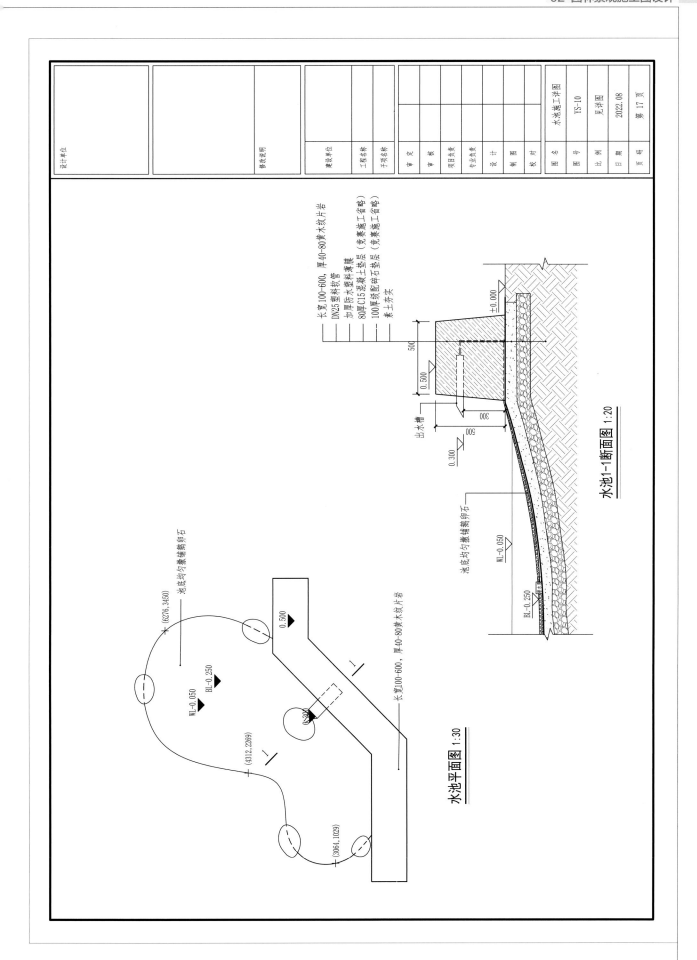

长宽100~600，厚40~80黄木纹片岩
DN25塑料软管
加厚防水塑料薄膜
80厚C15混凝土垫层（竞赛施工省略）
100厚级配碎石垫层（竞赛施工省略）
素土夯实

水池1-1断面图 1:20

±0.000

500

0.500

出水槽

300

500

0.300

池底均匀撒铺鹅卵石

WL-0.050

BL-0.250

长宽100~600，厚40~80黄木纹片岩

池底均匀撒铺鹅卵石

(6276,3450)

0.500

BL-0.250

WL-0.050

(4312,2269)

(3064,1029)

DN300

水池平面图 1:30

| 设计单位 | | | | 修改说明 | | 建设单位 | 工程名称 | 子项名称 | 审定 | 审核 | 项目负责 | 专业负责 | 设计 | 制图 | 校对 | 图名 | 图号 | 比例 | 出图 | 日期 | 页页码 |

水池施工详图

YS-10

见详图

2022.08

第 17 页

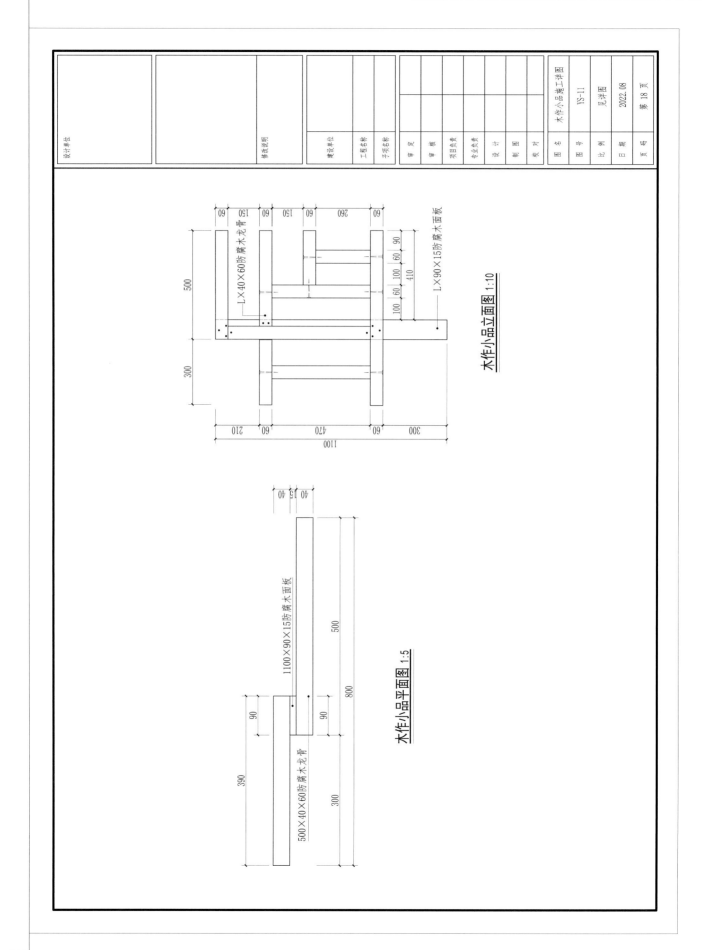

木作小品立面图 1:10

L×40×60防腐木龙骨

L×90×15防腐木面板

木作小品平面图 1:5

1100×90×15防腐木面板

500×40×60防腐木龙骨

设计单位		修改说明	建设单位	工程名称	子项名称	审 定	审 核	项目负责	专业负责	设 计	制 图	校 对	图 名	图 号	比 例	日 期	页 码
													木作小品施工详图	YS-11	见详图	2022.08	第 18 页

03 园林景观施工比赛场地与机具

　　每年的国赛都一样，施工部分都是由两名参赛选手合作完成。两名参赛选手根据确认的施工图，使用国赛承办方统一提供的机械设备与工具（部分工具自带），对规定的造景材料进行制作、安装、布置和维护。在比赛过程中，要求两名选手相互配合，合理安排工作流程，注意个人防护，施工动作符合人体工程学，合理安排工时。在完成每天规定的测评模块的前提下，可以提前进行次日考核模块的制作。

　　施工赛题包含砌筑、铺装、木作、水景营造、植物造景等五大模块，各模块有机结合在一起，组成一个小花园景观作品。

3.1 施工比赛场地与要求

1. 每个工位 49m²（7m×7m）施工区和至少 30m² 的准备区。

　　注：2017 年的施工区为 4m×5m，2018 年、2019 年、2023 年的施工区为 5m×6m。

2. 每个工位铺设 30cm 厚的细砂。

3. 每个工位需配备 220V 和 24V 的电源插座各一只，且插座有不少于 2 个多功能插孔。

4. 每个工位有自来水接口、照明设施、通风设施及电子监控设备。

5. 场地内配有公共道路，比赛环境安全、安静无干扰。

3.2 施工比赛设备与工具

　　施工比赛的设备与工具包括两部分：一部分是承办方统一提供的设备与工具；另一部分是参赛方自备的辅助工具。

3.2.1 承办方统一提供的设备与工具（见表 1）

表 1　承办方提供的设备与工具（每个工位）

序号	设备名称	技 术 参 数	数量	备 注
1	台式石材切割机	功率 2200W，锯片转速 2800rpm，切割深度 100mm，锯片最大直径 350mm	1 台	带水切割
2	拉杆式木材斜切锯	功率 1675W，锯片转速 1900~3000rpm，锯片孔径 30mm，锯片直径 305mm	1 台	配拉杆式架子
3	手持石材切割机	功率 1240W，13000r/min，锯深 30mm	1 台	含锯片
4	手持木材切割机	功率 1240W，13000r/min，锯深 30mm	1 台	含锯片
5	手持无线充电钻	空载转速 0~1200/min	2 台	配 3mm 钻头 4 个，十字披头 2 个
6	曲线锯	500W，冲程长度 20mm，斜角度 45°，锯深 85mm	1 台	
7	搅拌机	850W，650r/min	1 台	

续表

序号	设备名称	技术参数	数量	备注
8	角磨机	850W, 13000r/min	1台	配钢材切割锯片和木材抛光片
9	手推车	长90cm, 宽60cm, 高85cm	1辆	
10	铁锹	圆头1把、方头1把	2把	
11	耙子	板耙1把, 齿耙1把	2把	
12	插座	线长5m以上	2个	
13	橡胶水泥桶	底部直径≥25cm	2个	
14	水泥砂浆搅拌桶	底部直径≥35cm	1个	
15	水桶	底部直径≥25cm	1个	
16	大垃圾桶	底部直径≥50cm	1个	
17	木夯		1个	
18	扫帚、簸箕、洒水壶等清洁工具		1套	
19	钻尾螺丝		1盒	
20	90°角码		1包	
21	135°斜拉角码		1包	
22	平面直角码		1包	

承办方提供的设备与工具图片展示

▲ 台式石材切割机（国产）

▲ 台式石材切割机（进口）

▲ 台式石材切割机（花岗岩切割）

▲ 拉杆式木材切割机（国产）

▲ 拉杆式木材切割机（进口）

▲ 拉杆式木材切割机（木板切割）

▲ 手持石材切割机

▲ 手持木材切割机

▲ 切割机刀片（一机两用）

▲ 无线充电钻（电器商店）

▲ 无线充电钻（成套配置）

▲ 批头、钻头（一机两用）

▲ 曲线锯-1

▲ 曲线锯-2

▲ 曲线锯（弧形面板切割）

▲ 曲线锯（弧形面板切割）

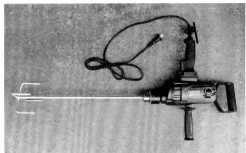

▲ 水泥砂浆搅拌机-1

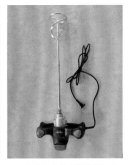

▲ 水泥砂浆搅拌机-2

▲ 角磨机（一机两用）

▲ 磨光片、切割片

▲ 木板切口打磨

▲ 2mm厚钢板切割

▲ 手推车-1

▲ 手推车-2

▲ 铁锹（尖头、平头）

▲ 铁锹（尖头）

▲ 铁锹（平头）

▲ 耙子（小齿耙子）

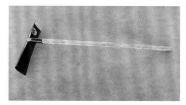

▲ 耙子（板耙子）

▲ 耙子（大齿耙子）

▲ 耙子（大齿耙子）

▲ 木夯

▲ 铁夯

▲ 大垃圾桶

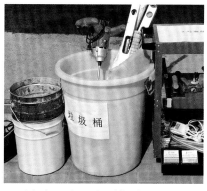

▲ 垃圾桶、水泥砂浆搅拌桶

▲ 水泥砂浆搅拌桶

▲ 手推车可兼作搅拌桶

▲ 橡胶水泥桶

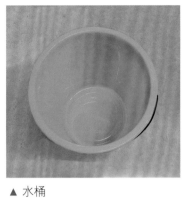

▲ 水桶

▲ 喷水壶

▲ 畚箕、扫把

▲ 自攻螺丝（L 40mm）

▲ 自攻螺丝（L 70mm）

▲ 自攻螺丝（L 70mm）

▲ 钻尾螺丝（L 25mm）

▲ 钢板固定角码（90°）

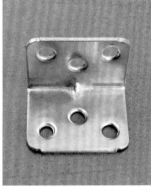

▲ 90°直角码（加固）

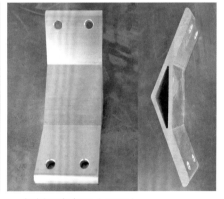

▲ 钢板固定角码（135°）

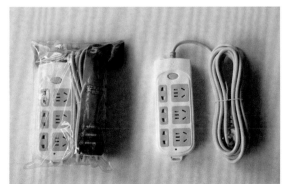

▲ 电源接线板

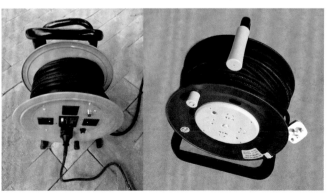

▲ 移动式多功能电插座

3.2.2 参赛方自备的辅助工具（见表2）

表2　参赛方自备的辅助工具

序号	名称	数量	备注
1	激光红外线水平仪	1~2台	等级：class Ⅱ、精度：±0.3mm/m、安平范围：±3°
2	瓦刀	2个	
3	抹子	2个	
4	塑料托板	2个	
5	铁凿	2个	
6	木工凿	2个	
7	美工刀	1把	配1盒刀片
8	剪刀、钢丝钳	各1把	
9	螺丝刀	2把	十字头、一字头
10	手锯	1把	
11	铁锤	2把	
12	橡皮锤	2把	
13	铅锤	1个	
14	记号笔	2支	
15	铅笔、木工笔	各2支	
16	橡皮	2块	
17	墨斗	1个	浸墨水
18	线团	2个	
19	水平尺1	2把	长度120cm，有刻度
20	水平尺2	2把	长度60cm，有刻度
21	直角尺	2把	45°等腰直角三角形
22	钢卷尺	4把	5m、10m各2把
23	小铲子	2把	园艺铲
24	小修枝剪	1把	园艺剪
25	护膝	2副	
26	防护眼镜	2副	
27	隔音耳塞	2副	
28	防尘口罩	10个	
29	手套	12副	
30	放线定位桩	10个	高度≥40cm
31	工具箱	1只	长、宽、高之和≤280cm

以上清单并非硬性规定，按照各团队需求，还可以携带清单之外的其他工具，但电动工具和物料类一律不得带入比赛场地（如自喷漆、万能胶、装饰品等）。

参赛队可携带工具箱 1 个，长、宽、高之和不超过 2.8m，最长边不得超过 1.2m；不包括测量设备和个人防护设备，超过上述尺寸的工具箱不得带入比赛场地。

参赛方自备的辅助工具图片展示

▲ 激光水平仪支架

▲ 激光红外线水平仪（整套）

▲ 激光红外线水平仪

▲ 激光水平仪（二线）

▲ 砖刀

▲ 抹子

▲ 托板

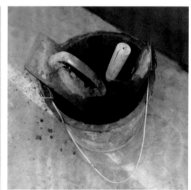
▲ 抹子、托板

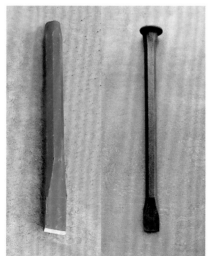
▲ 铁凿

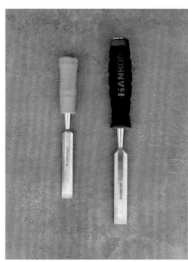
▲ 木工凿

▲ 木工凿应用

▲ 美工刀、刀片

▲ 剪刀

▲ 钢丝钳（尖头、平头）

▲ 螺丝刀（十字、一字）

▲ 园林工具商店（各式手锯展示）

▲ 手锯

▲ 铁锤

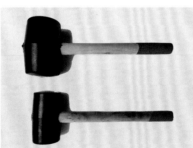

▲ 橡皮锤

▲ 橡皮锤

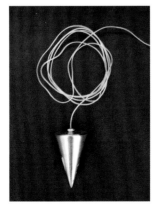

▲ 铅锤

▲ 记号笔

▲ 铅笔、木工笔、橡皮

▲ 建筑线团

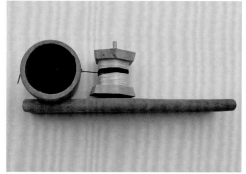

▲ 墨斗

▲ 水平尺（L 60cm）

▲ 水平尺（测量标高）

▲ 水平尺（L 100cm）

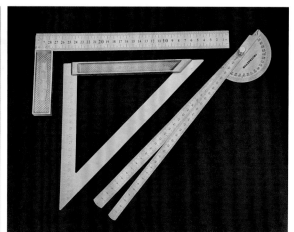

▲ 直角尺、角度尺

▲ 钢卷尺（5m、10m）

▲ 园林工具商店（各式工具展示）

▲ 小铲子

▲ 园林工具商店（修枝剪展示）

▲ 修枝剪

▲ 防护眼罩

▲ 防护耳罩、耳塞

▲ 防尘口罩（多种款式）

▲ 护膝

▲ 护膝、劳保鞋

▲ 手套

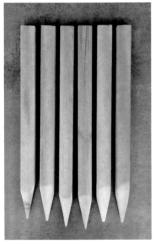

▲ 放样定位桩（木桩）

▲ 放样定位桩（钢钎）

▲ 放样定位桩（竹筷）

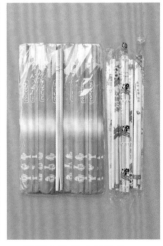

▲ 放样定位桩（竹筷）

04 园林景观施工比赛材料

国赛承办方统一提供石材、木材、水电材料、园林植物等施工材料（见表3和表4）。为便于赛后拆除，铺装基层不使用水泥砂浆。

4.1 施工比赛硬质材料（见表3）

表3 施工比赛硬质材料清单（以2022年国赛为主要依据）

序号	材料名称	主要规格（mm）	数量	备 注
	一、砌筑材料			
01	黄木纹片岩	长宽200~600、厚40~80	2m³	自然石墙、园路碎拼、汀步、木坐凳基础
02	水泥砖	240×115×53	500块	景墙、花池、水池、木坐凳基础（尺寸误差2mm）
03	轻质砖	600×200×200	20块	围挡、木坐凳基础（2020年12月世赛全国选拔赛）
04	花岗岩板1	300×150×30	25块	花池压顶（2018-2021年国赛）
05	花岗岩板2	400×200×30	25块	花池压顶 花岗岩，火烧面
06	花岗岩板3	600×300×30	4块	景墙压顶 花岗岩，火烧面
07	小筒瓦	110×110×50（厚10）	100片	瓦片景墙，深灰色
08	钢板1	4000×400×2	3块	钢板花池
09	钢板2	4000×200×2	3块	钢板花池
10	水泥	P32.5	2包	若用量不够可申请增加
11	黄砂	细砂	6袋	
	二、铺装材料			
12	道牙石	500×120×100	20条	花岗岩，光面
13	花岗岩板1	500×250×30	30块	花岗岩，火烧面
14	花岗岩板2	250×250×30	15块	花岗岩，火烧面
15	透水砖	200×100×50	150块	灰色，尺寸误差2mm
16	小料石	100×100×50	150块	花岗岩，自然面
17	火山岩	$\phi \geqslant 300$（厚20）	5m²	机切面，自然边
18	黄砂岩板	600×600×30	6块	2019年国赛
19	汀步石	500×250×200	3块	

续表

序号	材料名称	主要规格（mm）	数量	备　注
	三、木作材料			
20	防腐木封板	4000×110×15	10 块	2020 年 12 月世赛全国选拔赛
21	防腐木面板	4000×90×30	40 块	
22	防腐木龙骨	4000×70×40	15 根	
23	防腐木立柱	4000×90×90	4 根	
24	防腐木封板 防腐木面板	4000×90×15	40 块	松木类，防腐处理 （断面尺寸误差 2mm）
25	防腐木龙骨	4000×60×40	15 根	
26	防腐木立柱	4000×85×85	4 根	
27	自攻螺丝	长度 40，5 盒 长度 70，3 盒	8 盒	100 个 / 盒
	四、水电材料			
28	潜水泵	功率 40W、流量大于 39L/min	1 台	尺寸小于 300×300
29	出水槽	出水口宽 200、高 50	1 个	不锈钢
30	防水膜	加厚塑料薄膜	40m²	宽度 5m
31	电源插板	15 孔，线长 5m	2 块	
32	水 管	DN25 加厚白色塑料软管， 长度 20m	1 盘	配相应水管 卡箍 4 个
33	PVC 管	DN50，长度 4m	1 根	2018–2019 年国赛
34	PVC 穿线管	DN20，长度 4m	2 根	
35	电 线	2.5 mm²，铝芯	25m	
36	草坪灯	220V，40W	1 盏	
37	绝缘胶带		1 卷	
	五、辅助材料			
38	绿植袋	1000×1000	4 片	36 口袋或 49 口袋
39	大景石	粒径 300~500	6 块	天然山石或黄蜡石
40	小卵石	粒径 20~40	15 袋	50kg/袋
41	白石子	粒径 10~20	5 袋	50kg/袋
42	小砾石	粒径 10~20	5 袋	2020 年 12 月世赛全国选拔赛
43	隔根板	高度 100	20m	

砌筑施工材料图片展示

▲ 黄木纹片岩（运输包装） ▲ 黄木纹片岩（比赛供料） ▲ 黄木纹片岩（干垒景墙）

▲ 水泥砖（运输包装） ▲ 水泥砖（比赛供料） ▲ 水泥砖砌景墙

▲ 轻质砖（采购运输） ▲ 轻质砖（600× ▲ 轻质砖（围挡）
　　　　　　　　　　　200×100）

▲ 各种石材 ▲ 景墙（24墙）压顶板 ▲ 景墙（24墙）压顶板
　（比赛供料） 　（600×300×30）

▲ 花池（18墙）压顶板 ▲ 花池（12墙）压顶板 ▲ 花池（12墙）压顶板
　（400×200×30） 　（300×150×30）

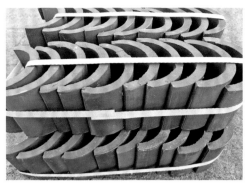

▲ 小筒瓦（110×110×55）

▲ 小筒瓦

▲ 瓦片景墙比赛作品

▲ 2mm厚普通钢板

▲ 钢板135°固定

▲ 钢板花池整体效果

▲ 比赛供料：水泥3袋，黄砂5袋

▲ 水泥的标号

▲ 水泥、黄砂的配比（1:3）

附：实际工程砌筑材料图片展示

▲ 黄木纹片岩-1

▲ 黄木纹片岩-2

▲ 烧结砖

▲ 轻质砖

▲ 水泥砖-1

▲ 水泥砖-2

▲ 水泥砖-3

▲ 水泥砖-4

▲ 多孔砖-1　　▲ 多孔砖-2　　▲ 多孔砖砌墙　　▲ 水泥

铺装材料图片展示

▲ 道牙石　　　　▲ 道牙石（花岗岩）比赛作品　　▲ 道牙石（花岗岩）比赛作品
（比赛供料）

▲ 道牙石（红砂岩）　　▲ 道牙石（红砂岩）比赛作品

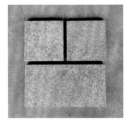  

▲ 花岗岩板（火烧面）　▲ 花岗岩铺装　　▲ 花岗岩铺装

▲ 透水砖（比赛供料）　▲ 透水砖（三色）　　▲ 透水砖铺装　　▲ 透水砖铺装

▲ 小料石（灰色）　　▲ 小料石（灰黑色）　　▲ 小料石铺装-1　　▲ 小料石铺装-2

▲ 黄木纹片岩（比赛供料）　　▲ 黄木纹片岩铺装　　　　▲ 黄木纹片岩铺装

▲ 火山岩批量采购-1　　▲ 火山岩批量采购-2　　▲ 火山岩批量采购-3　　▲ 火山岩批量采购-4

▲ 火山岩（紫红色）铺装　　▲ 火山岩（暗红色）铺装　　▲ 火山岩（暗红色）铺装　　▲ 火山岩（黑色）铺装

▲ 黄砂岩板（比赛供料）　　▲ 黄砂岩板铺装　　　　　　▲ 黄砂岩板铺装

▲ 汀步石（比赛供料）　　▲ 汀步石-1　　▲ 汀步石-2　　▲ 汀步石-3

附：实际工程铺装材料图片展示

▲ 道牙石

▲ 花岗岩板材-1

▲ 花岗岩板材-2

▲ 花岗岩板材-3

▲ 透水砖-1

▲ 透水砖-2

▲ 透水砖-3

▲ 透水砖-4

▲ 黄木纹片岩

木作材料图片展示

▲ 防腐木材（比赛供料）

▲ 防腐木材（比赛供料）

▲ 防腐木采购

▲ 防腐木龙骨（栅栏）

▲ 木平台龙骨布置

▲ 防腐木立柱应用-1 ▲ 防腐木立柱应用-2

▲ 防腐木立柱应用-3

▲ 防腐木立柱应用-4

水电材料图片展示

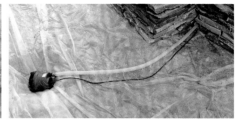

▲ 潜水泵　　　　　▲ 潜水泵应用-1　　　　　▲ 潜水泵应用-2

▲ 潜水泵与水管连接　▲ 出水槽-1　　　　▲ 出水槽-2　　　　▲ 出水槽应用

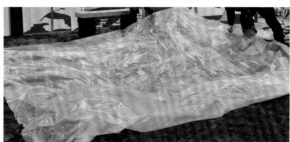

▲ 塑料薄膜（比赛供料）　▲ 塑料薄膜应用-1　　　▲ 塑料薄膜应用-2

▲ 电源接线板　　　　▲ 防水电源插座　　　　▲ 电源固定插座

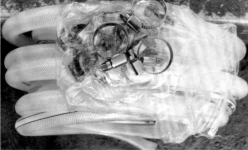
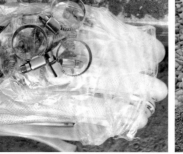

▲ 固定水龙头　　　　▲ 供水管、卡箍　　　　▲ 塑料软管

▲ DN50PVC管（溢水管）　　　　　▲ DN50PVC管（溢水管）预埋　　　　▲ PPR管接头

▲ PPR管热熔器　　　　　▲ PPR管热熔焊接　　　　　▲ PVC穿线管

▲ PVC穿线管应用-1　　　　　▲ PVC穿线管应用-2　　　　　▲ 电源线（2.5mm²）

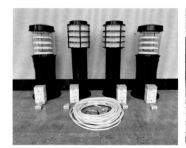

▲ 草坪灯、灯泡、电线　　　▲ 草坪灯（比赛提供）　　　▲ 接线插头安装　　　▲ 绝缘胶带

▲ 草坪灯应用-1　　　　▲ 草坪灯应用-2　　　　▲ 草坪灯应用-3　　　　▲ 草坪灯应用-4

辅助材料图片展示

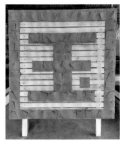

▲ 绿植袋
（1000×1000，36 口袋）　　▲ 绿植袋
（1000×1000，49 口袋）　　▲ 绿植袋（拼接裁剪）　　▲ 绿植袋应用

▲ 隔根板　　　　　▲ 隔根板应用　　　　▲ 大卵石　　　　▲ 大卵石应用

▲ 雨花石（白色、黑色）　　▲ 小卵石（白色、黑色）应用　　▲ 白石子应用

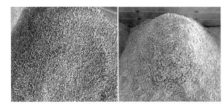

▲ 小石砾（比赛供料）　　　▲ 仿真塑料草皮（北方冬季训练用）

▲ 实际工程大卵石应用 1　　　　　▲ 实际工程大卵石应用 2

4.2 施工比赛植物材料（见表 4）

表 4　施工比赛植物清单（以 2022 年国赛为例）

序号	名　称	主要规格（cm）	数量	备　注
1	独干石楠	高度 160~180，地径 5 以上，分枝点 90~110	1 株	定位树种 树形圆满整齐
2	幸福树	高度 150~160，冠幅 80~100	1 株	定位树种
3	四季桂	高度 80~100，冠幅 50~60	3 株	
4	散尾葵	高度 100~120，冠幅 80~100	2 株	
5	海桐球	高度 60~80，冠幅 50~60	8 株	球形圆满
6	南天竹	高度 40~60，冠幅 30~40	15 丛	3 头以上
7	小叶女贞	高度 50~60，冠幅 30~40	20 株	3~4 分枝
8	变叶木	高度 40，冠幅 30	10 盆	3 分枝以上
9	广东万年青	高度 60，冠幅 40	10 盆	
10	时令草花	高度 20，冠幅 20	共 300 盆	4 种各 75 盆
11	草皮	混播草	30 ㎡	面积足量

植物材料图片展示

▲ 独干石楠　　▲ 幸福树 -1　　▲ 幸福树 -2　　▲ 散尾葵　　▲ 西府海棠、白皮松

▲ 金叶女贞球　　▲ 大叶黄杨球　　▲ 南天竹　　▲ 南天竹配景　　▲ 变叶木、三角梅

▲ 变叶木、南天竹　　▲ 三角梅、变叶木　　▲ 时令花卉　　▲ 草皮　　▲ 草皮卷（混播草）

其他植物图片展示

▲ 独干桂花　　　▲ 独干红枫　　　▲ 独干紫叶李　　　▲ 南洋杉　　　▲ 鹅掌柴

▲ 非洲茉莉　　　▲ 南天竹、变叶木　　　▲ 金边大叶黄杨　　　▲ 金叶女贞

▲ 常春藤　　　▲ 一品红　　　▲ 花叶万年青　　　▲ 金心吊兰

实际工程植物图片展示

▲ 造型树采购运输　　　▲ 树苗采购运输　　　▲ 红枫　　　▲ 山茶花

▲ 红枫、金叶女贞球　　　▲ 小叶女贞球　　　▲ 金叶女贞球　　　▲ 杜鹃

05 园林景观施工工艺与技术要点

园林景观施工比赛之前，大赛组委会将竞赛训练试题参照国际技能竞赛方式在官方网站上公开发布，正式比赛时对公开版的试题内容作 30% 以内的变更。参赛选手在比赛开始时应对拿到的图纸进行准确读图和审图，在快速读图后做出正确的判断，对施工内容和工序进行合理分配与安排。

园林景观施工比赛的核心内容主要有砌筑、铺装、木作、水景营造、植物造景，这五大模块内容组成一个完整的园林景观作品。

施工工艺流程与施工技术是整个比赛的关键，施工方法和技巧不可能一蹴而就，需要潜心钻研、日积月累。参赛选手在实操训练时都应该有明确的步骤和方法，有标准化的动作和要领。下面分别介绍园林景观施工比赛五大模块的施工工艺与技术要点。

5.1 砌筑工艺与技术要点

砌筑技能是营造各类主体构筑物的基础，因此参赛选手必须具备高超的砌筑技能。砌筑内容主要有垒石、砌砖、切割石材等，要求参赛选手正确使用机械设备与工具切割水泥砖、透水砖、花岗岩板材、钢板、预制混凝土砌块，力求切割面平顺，并按规定的尺寸、标高精准砌筑景墙、花池、钢板花池、木坐凳基座、轻质砖挡墙以及干垒石墙等。

5.1.1 黄木纹石墙施工流程与技术要点

施工流程： 搬运材料→按图放样→基础开挖（大于图示尺寸）→平整、夯实→垒砌第一层（大于顶层宽度 100mm）→填充空隙→铺设防水膜→预埋一根 PVC 管 (DN50，长度 500mm)→逐层干垒（逐层检测调整）→放置出水槽→检测并调整出水口标高→垒砌顶层（须有横向连接）→检测并调整顶层宽度、标高→清洁、整理→标注标高测量点（实际测量点数的 2 倍）。

技术要点： ①黄木纹石墙的基础开挖，要求大于图示尺寸 100mm 左右。②防水膜有部分是埋设在石墙下方的，需提前铺设，并需事先埋设连通出水槽的水管。③每一层石块都需要错缝干垒，石块缝隙间可填充小碎石或砂砾，不可用砂土填充。④每层要有不少于 3 块的横向连接。⑤内外墙均要有少许放坡。⑥参赛选手要掌握石料加工的技巧，观察石料间阴阳互补与搭接的可行性，合理使用与布置石料，处理好墙体缝隙，注意墙体的稳定性和美观度。

图片展示：

▲ 2020 年世赛选拔赛试题（二）黄木纹石墙比赛作品 -1

▲ 2020 年世赛选拔赛试题（二）黄木纹石墙比赛作品 -2

▲ 其他赛项黄木纹石墙比赛作品 -1

▲ 其他赛项黄木纹石墙比赛作品-2

▲ 其他赛项黄木纹石墙比赛作品-3

▲ 石墙下DN50PVC管
（长度500）预埋

▲ 2020年世赛选拔赛试题（三）黄木纹石墙训练作品

▲ 黄木纹石墙训练作品

▲ 自制花岗岩板出水槽　▲ 自制花岗岩板出水槽出水效果

黄木纹片岩
景墙干垒

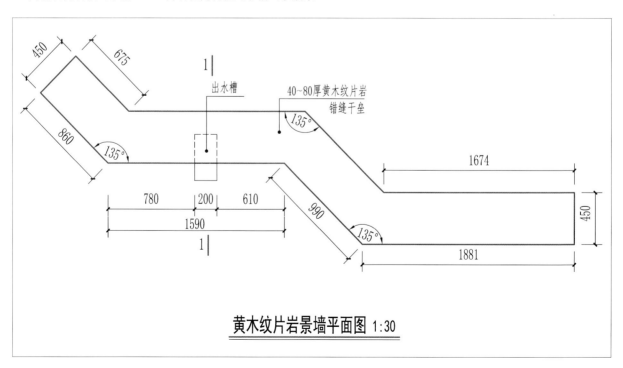

黄木纹片岩景墙平面图 1:30

干垒石墙评分标准（各年略有差异，以当年评分标准为准）：

	干垒石墙 10 分：M（测量）6 分 + J（评判）4 分		
M	石墙的高度 1	容差 ± 0~2mm，1； ±>2~4mm，0.5；> 4mm，0	1分
M	石墙的高度 2	容差 ± 0~2mm，1； ±>2~4mm，0.5；> 4mm，0	1分
M	石墙的高度 3	容差 ± 0~2mm，1； ±>2~4mm，0.5；> 4mm，0	1分
M	石墙的高度 4	容差 ± 0~2mm，1； ±>2~4mm，0.5；> 4mm，0	1分
M	出水口高度	容差 ± 0~2mm，1； ±>2~4mm，0.5；> 4mm，0	1分
M	墙体宽度	完成面宽度不小于 400mm， 基础不小于 500mm	1分
J	墙体是否放坡（墙身下部稍大于上部，以保持稳定）		1分
J	石墙基础经过开挖、夯实、回填砂砾等且要按图纸要求施工	若基础下有防水垫，则回填砂砾层取消	0.5分
J	横向搭接	完成面有不少于 4 块的横向连接石	0.5分
J	错缝干垒		1分
		错缝干垒，直缝（2 层黄木纹通缝视为一条直缝、接头重合部分小于 5cm 视为直缝）数大于 5 条	0~0.2 分
		错缝干垒，直缝数有 3~4 条	0.3~0.5 分
		错缝干垒，直缝数 ≤ 2 条	0.6~0.8 分
		全部错缝干垒	0.9~1.0 分
J	墙体外观		1分
		墙体不稳固	0~0.2 分
		墙体稳固，50% 的墙体面积外观整齐，放坡不自然	0.3~0.5 分
		墙体稳固，超过 50% 的墙体外观整齐，放坡自然	0.6~0.8 分
		墙体稳固、整齐、完美	0.9~1.0 分

注：M 是 Measurement 的首字母，测量的意思；
　　J 是 Judgement 的首字母，评判的意思。

5.1.2 创意景墙施工流程与技术要点

施工流程： 施工区整理→搬运材料（水泥砖、小筒瓦、压顶板）→水泥砂浆搅拌→按图放线→基础开挖→平整、夯实→头砖整平→测量长度、高度→拉建筑线→砌中间砖块→完成第一层砖→检测调整→逐层砌砖（每一层都要检测调整）→放置中间小筒瓦→继续砌砖→完成砌体→放置压顶板→砖砌体勾缝→砌体清洁整理。

技术要点： ①景墙放样时应找出关键的尺寸点，定位桩的位置应考虑施工空间的方便、可行。②景墙基础开挖前，需根据景墙的标高计算景墙基础的深度，然后进行开挖、平整、夯实。③砌砖的基本方法，先两头后中间。头砖一定要做到尺寸精准、高度准确、水平零误差，这样才不会影响后期尺寸、标高、垂直、平整等问题。④检测调整是一直贯穿于整个砌筑过程的重要环节，每一层做完都要及时检测尺寸、高度和水平，避免出现误差。⑤拉线是在头砖做好后，以两侧头砖的直角边为基准进行拉线施作，目的是提高砌筑速度和精度。⑥中间砖块砌筑可在两侧头砖整平后进行，要注意每一块砖缝之间的砂浆厚度均匀（控制在10mm左右）。⑦完成第一层后，通过检测调整（尺寸、高度、水平三项没有误差），可按同样方法砌筑每一层，最后完成砌体。⑧小筒瓦的摆放（干垒），大部分用整块的，小部分需要用半块（对中切开）。⑨在水泥砂浆硬结之前，要调整好压顶板的尺寸、高度及水平。如遇压顶板原材料有个体尺寸差异时，则尽量保证正面边线的整齐。压顶板之间的交接缝隙宽度不应大于2mm。⑩勾缝是在砌筑完成时进行，也可根据砂浆的硬结程度选择勾缝时间。一般在砂浆初凝后进行勾缝，勾缝时勾缝器头顶在灰缝底部和灰缝上部从左往右多次划动,使灰缝光滑平整、深度一致。⑪景墙外观面清理，用海绵、毛刷、抹布、扫把等清理面层及墙面污渍，尤其是勾缝后多余的砂浆必须清理干净。

图片展示：

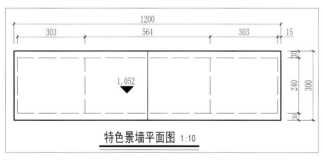

特色景墙平面图 1:10

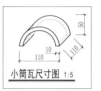

小筒瓦尺寸图 1:5

小筒瓦景墙砌筑

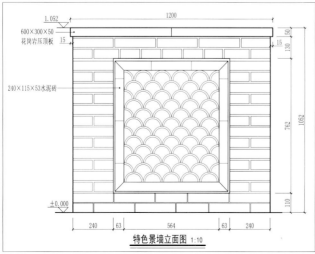

特色景墙立面图 1:10

▲ 24 创意景墙模型

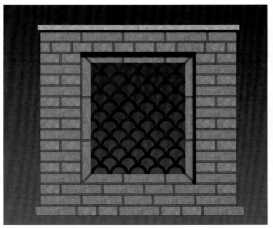

▲ 24 创意景墙模型（正面）　　　　▲ 24 创意景墙模型（侧面）　　　▲ 小筒瓦景墙训练用料

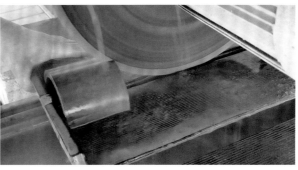

▲ 四个转角水泥砖 45° 切割　　　　　　　　▲ 小筒瓦对中切割

▲ 景墙内小筒瓦排布　　　　　　　　　　▲ 小筒瓦四周水泥砖围合

▲ 小筒瓦景墙勾缝　　　　　　　▲ 上部水泥砂浆勾缝支托保护

▲ 24 创意景墙比赛作品 -1　　　　　　　　▲ 24 创意景墙比赛作品 -2

创意景墙砌筑评分标准（各年略有差异，以当年评分标准为准）：

创意景墙砌筑 7 分：M（测量）4.5 分 + J（评判）2.5 分			
M	景墙尺寸 1	容差 ± 0~2mm，1； ±>2~4mm，0.5；> 4mm，0	1 分
M	景墙尺寸 2	容差 ± 0~2mm，1； ±>2~4mm，0.5；> 4mm，0	1 分
M	景墙高度 1	容差 ± 0~2mm，0.5； ±>2~4mm，0.25；> 4mm，0	0.5 分
M	景墙高度 2	容差 ± 0~2mm，0.5； ±>2~4mm，0.25；> 4mm，0	0.5 分
M	景墙垂直度 1		0.5 分
M	景墙垂直度 2		0.5 分
M	完成面水平	水平尺气泡在两侧边线之内	0.5 分
J	基础经过了开挖、夯实等流程且按图纸要求施工		0.5 分
J	错缝砌筑且均匀		0.5 分
J	无游丁走缝		0.5 分
J	瓦片安装合理	稳固且美观	0.5 分
J	墙体外观		0.5 分
		缝隙不明显，墙面污染面积达 50%	0~0.1 分
		缝隙明显，墙面污染面积 25%~50%	0.2~0.3 分
		平缝水平，丁缝竖直，污染面积不到 25%	0.4 分
		平缝水平，丁缝竖直，缝隙填浆饱满，无污染	0.5 分

5.1.3 砖砌花池施工流程与技术要点

施工流程：施工区整理→准备材料（水泥砖、花岗岩板）→按图放线→基础开挖→平整、夯实→水泥砂浆搅拌→砖块切割→各转角头砖整平→测量长度、高度→拉建筑线→砌中间砖块→完成第一层砖→检测调整→逐层砌砖（每一层都要检测调整）→完成砌体→切割压顶板→压顶→勾缝→砌体清洁整理→花池内填砂土。

技术要点：①花池放样时应找出关键的尺寸点，定位桩的位置应考虑施工空间的方便、可行。②基础开挖需根据花池的标高计算花池基础的深度，然后进行开挖、平整、夯实。③在花池砌筑前，应根据施工图计算需要切割砖的总数与规格，用三角尺和记号笔在砖块上划线，然后进行切割。切割时尽可能带水切割，以减少空气污染和对自身的伤害。切割工具有手持切割机和台式切割机两种。手持式切割机小巧、便于携带，但切割深度有限，且扬尘较多；台式切割机的切割速度快，精度高，且灰尘较少。切割好的砖块应按顺序摆放，整齐有序摆放可以节约时间，提高砌筑效率。④砌砖的基本方法，先两头后中间。头砖一定要做到尺寸精准、高度准确、水平零误差，这样才不会影响后期尺寸、垂直、平整等问题。砌筑的基本动作是铲灰、铺灰、取砖、摆砖，遇到同一层砖的高度或水平度有偏差时，可以借助砂浆找平，砖缝在10mm左右。⑤检测调整是一直贯穿于整个砌筑过程的重要环节，每一层做完都要及时检测尺寸、高度和水平，避免出现误差。测量每一层高度时，将水平尺垂直立于砖面之上，水平仪的绿光投射到水平尺刻度线上。因绿光有一定宽度，为减少读数误差，选手可自定观察绿光的上限或下限读数。⑥拉线是在头砖做好后，以两侧头砖的直角边为基准进行拉线施作，目的是提高砌筑速度及确保尺寸的精准度。⑦中间砖块砌筑可在两侧头砖整平后进行，要注意每一块砖缝之间的砂浆厚度均匀（控制在10mm左右）。⑧完成第一层后，通过检测调整（尺寸、高度、水平三项没有误差），然后按同样方法砌筑每一层，最后完成整个花池砌体。⑨若花池有压顶要求的，需对拼接处的压顶板进行划线、切割，切割角度须与花池尺寸、造型保持一致，切割过的压顶板的长度不得短于压顶板原长度的三分之一。压顶的操作方法与砌砖基本相同，先两头后中间。在水泥砂浆硬结之前，要调整好压顶板的尺寸、高度及水平。如遇压顶板原材料有个体尺寸差异时，则尽量保证外延尺寸及外边线整齐。每一块压顶板之间交接缝隙的宽度不应大于2mm，压顶板外侧边缘要求在一条直线上。⑩勾缝是在砌筑完成时进行的，勾缝的方式与景墙相同。⑪及时清理面层及墙面污渍，清理的方式与景墙相同。⑫花池内填砂土不可太满，一般要求低于压顶板50mm左右。

图片展示：

▲ 18墙花池砌筑排砖图（一）

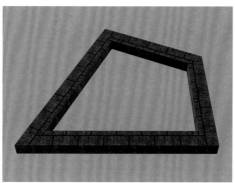

▲ 18墙花池砌筑排砖模型（一）

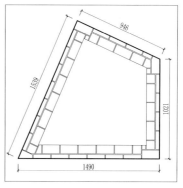

▲ 18墙花池砌筑排砖图（二）

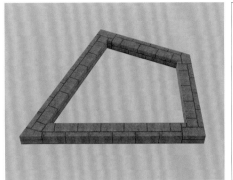

▲ 18墙花池砌筑排砖模型（二）

▲ 18墙花池压顶板排布图

▲ 18墙花池砌砖示意图

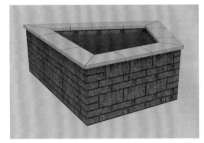

▲ 18墙花池整体模型

▲ 18墙花池比赛作品

▲ 12墙花池比赛作品-1

▲ 12墙花池比赛作品-2

▲ 12墙花池比赛作品-3

▲ 12墙花池135°
转角切砖样式-1

▲ 12墙花池135°
转角切砖样式-2

▲ 12墙花池压顶训练作品

四边异形18墙
花池砌筑

砌砖、压顶细节问题

▲ 砌砖细节问题

▲ 压顶细节问题-1

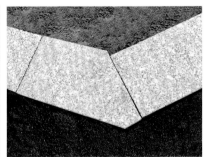

▲ 压顶细节问题-2

花池砌筑评分标准（各年略有差异，以当年评分标准为准）：

花池砌筑 11 分：M（测量）7.5 分 + J（评判）3.5 分			
M	花池墙体尺寸 1	容差 ± 0~2mm，1； ±>2~4mm，0.5；> 4mm，0	1 分
M	花池墙体尺寸 2	容差 ± 0~2mm，1； ±>2~4mm，0.5；> 4mm，0	1 分
M	花池盖板尺寸 1	容差 ± 0~2mm，1； ±>2~4mm，0.5；> 4mm，0	1 分
M	花池盖板尺寸 2	容差 ± 0~2mm，1； ±>2~4mm，0.5；> 4mm，0	1 分
M	花池盖板完成面高度 1	容差 ± 0~2mm，1； ±>2~4mm，0.5；> 4mm，0	1 分
M	花池盖板完成面高度 2	容差 ± 0~2mm，1； ±>2~4mm，0.5；> 4mm，0	1 分
M	压顶板外沿在一条线上	2mm 以内为"是"	0.5 分
M	压顶石板水平	水平尺气泡在两侧边线之内	0.5 分
M	压顶板缝隙	容差 ±0~2mm，0.5； 发现一条缝隙超过容许误差，则为 0 分	0.5 分
J	花池的基础经过了开挖、夯实等流程		0.5 分
J	错缝砌筑且灰缝均匀		0.5 分
J	无游丁走缝		0.5 分
J	墙体外观		1 分
		灰缝不明显，墙面污染面积达 50%	0~0.2 分
		灰缝明显，墙面污染面积达 25%~50%	0.3~0.5 分
		平缝水平，丁缝竖直，污染面积不到 25%	0.6~0.8 分
		平缝水平，丁缝竖直，灰缝填浆饱满，无污染	0.9~1.0 分
J	压顶板外观		1 分
		对于面板中的拼接部分，有超过 50% 的角或边使用了小于 1/3 面板长度的材料	0~0.2 分
		对于面板中的拼接部分，有 25%~50% 的角或边使用了小于 1/3 面板长度的材料	0.3~0.5 分
		对于面板中的拼接部分，有小于 25% 的角或边使用了小于 1/3 面板长度的材料	0.6~0.8 分
		面板拼接部分没有使用小于 1/3 面板长的面板，面板平整美观	0.9~1.0 分

5.1.4 钢板花池施工流程与技术要点

施工流程： 施工区整理→准备材料（钢板、角码、钻尾螺丝）→按图放线→基础开挖→平整、夯实→钢板切割→排放两块钢板→用角码固定→测量长度、标高→逐块排放（每一块都要检测调整）→完成钢板花池整体→花池内填砂土。

技术要点： ①花池放样时应找出关键的尺寸点，定位桩的位置应考虑施工空间的方便、可行。②基础开挖需根据花池的标高计算花池基础的深度，然后进行开挖、平整、夯实。③在花池砌筑前，应根据施工图计算需要切割钢板的块数与规格，用三角尺和记号笔在钢板上划线，然后进行切割。切割时必须做好安全防护，避免切割火花对自身的伤害。切割好的钢板应按顺序摆放，可以节约时间，提高施工效率。④每两块钢板交接处，都要用角码和钻尾螺丝固定。两块钢板的高度要一致，缝隙控制在2mm之内。⑤检测调整是一直贯穿于整个钢板排放过程的重要环节，每两块钢板做完都要及时检测尺寸、高度和水平，避免出现误差。测量每一块钢板高度时，将水平尺垂直立于钢板之上，水平仪的绿光投射到水平尺刻度线上。因绿光有一定宽度，为减少读数误差，选手可自定观察绿光的上限或下限读数。⑥花池内填砂土不可太满，一般要求低于钢板顶50mm左右。

图片展示：

钢板花池安装
（六边异形）

▲ 2厚400宽和200宽普通钢板

▲ 2厚400宽钢板切割

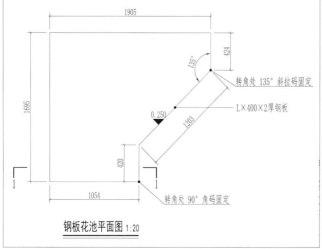

钢板花池平面图 1:20

▲ 2022年国赛试题（五）钢板花池整体效果

▲ 直角处用 90° 角码固定

▲ 折角处用 135° 角码固定

1054×400×2厚钢板
种植土
C15混凝土护角（竞赛施工省略）
100厚级配碎石垫层（竞赛施工省略）
素土夯实

0.250

±0.000

150　1054　150

钢板花池1-1剖面图 1:10

钢板花池评分标准（各年略有差异，以当年评分标准为准）：

钢板花池 5 分：M（测量）4.5 分 + J（评判）0.5 分			
M	尺寸 1	容差 ± 0~2mm，0.5； ±>2~4mm，0.25；> 4mm，0	0.5 分
M	尺寸 2	容差 ± 0~2mm，0.5； ±>2~4mm，0.25；> 4mm，0	0.5 分
M	尺寸 3	容差 ± 0~2mm，0.5； ±>2~4mm，0.25；> 4mm，0	0.5 分
M	高度 1	容差 ± 0~2mm，0.5； ±>2~4mm，0.25；> 4mm，0	0.5 分
M	高度 2	容差 ± 0~2mm，0.5； ±>2~4mm，0.25；> 4mm，0	0.5 分
M	水 平	水平尺气泡在两侧边线之内	0.5 分
M	垂直度		0.5 分
M	钢板间拼接缝隙	0~2mm 以内为是，超过 2mm 为否	0.5 分
M	钢板一条线（两条全测，一条未满足要求为否）	0~2mm 以内为是，超过 2mm 为否	0.5 分
J	钢板切口是否打磨		0.5 分

5.1.5 砖砌水池施工流程与技术要点

施工流程： 施工区整理→准备材料（水泥砖、水泥砂浆）→按图放线→基础开挖→平整、夯实→砖块切割→各转角头砖整平→测量长度、高度→拉建筑线→砌中间砖块→完成第一层砖→检测调整→逐层砌砖（顺丁结合）→完成砌体→勾缝→砖砌体清理。

技术要点： ①水池放样时应找出关键的尺寸点，定位桩的位置应考虑施工空间的方便、可行。②基础开挖需根据水池的标高计算水池基础的深度，然后进行开挖、平整、夯实。③在水池砌筑前，应根据施工图计算需要切割砖的数量与规格，用三角尺和记号笔在砖块上划线，然后进行切割。切割时尽可能带水切割，以减少空气污染和对自身的伤害。切割好的砖块应按顺序摆放，可以节约时间，提高砌筑效率。④砌筑的基本方法是先两头后中间。头砖一定要做到尺寸精准、高度准确、水平零误差，这样才不会影响后期尺寸、标高、平整等问题。遇到同一层砖的高度或水平度有偏差时，可以借助砂浆找平，砖缝控制在 10mm 左右。⑤检测调整是一直贯穿于整个砌筑过程的重要环节，每一层做完都要及时检测尺寸、高度和水平，避免出现误差。⑥拉线是在头砖做好后，以两侧头砖的直角边为基准进行拉线施作，目的是提高砌筑速度及确保尺寸的精准度。⑦中间砖块砌筑可在两侧头砖整平后进行，要注意每一块砖缝之间的砂浆厚度均匀（控制在 10mm 左右）。⑧完成第一层后，通过检测调整（尺寸、高度、水平三项没有误差），然后按同样方法砌筑每一层（顺丁结合），最后完成整个水池砌体。⑨勾缝是在砌筑完成时进行的，勾缝的方式与花池的勾缝相同。⑩及时清理砖面污渍，清理的方式与花池相同。

图片展示：

▲ 长方形水池砌筑 -1　　▲ 长方形水池砌筑 -2　　▲ 长方形水池砌筑 -3　　▲ 长方形水池砌筑 -4（勾缝）

▲ 异形水池砌筑 -1　　　　▲ 异形水池砌筑 -2　　　　▲ 弧形水池砌筑排砖样式

▲ 弧形水池砌筑训练（步骤 -1）　▲ 弧形水池砌筑训练（步骤 -2）　▲ 弧形水池砌筑训练（步骤 -3）

规则式水池砌筑与水景评分标准（各年略有差异，以当年评分标准为准）：

规则式水池砌筑与水景9分：M（测量）5分 + J（评判）4分			
M	水池尺寸1	容差 ± 0~2mm，1； ±>2~4mm，0.5；> 4mm，0	1分
M	水池尺寸2	容差 ± 0~2mm，1； ±>2~4mm，0.5；> 4mm，0	1分
M	水池标高1	容差 ± 0~2mm，1； ±>2~4mm，0.5；> 4mm，0	1分
M	水池标高2	容差 ± 0~2mm，1； ±>2~4mm，0.5；> 4mm，0	1分
M	溢水口标高	容差 ± 0~2mm，1； ±>2~4mm，0.5；> 4mm，0	1分
J	防水膜铺设合理，不漏水	第二天水位下降不超过 50 mm	1分
J	水池砌砖，顺丁结合	是/否	1分
J	水泵安装及设置合理	是/否	0.5分
J	鹅卵石满铺，防水膜不露出	是/否	0.5分
J	水景中水能正常循环	是/否	0.5分
J	水口水平，出水均匀	是/否	0.5分

5.1.6 木坐凳基座施工技术要点

施工流程：搬运材料（水泥砖或轻质砖）→水泥砂浆搅拌→按图放线→基础开挖→平整、夯实→水泥砖或轻质砖切割→砌第一层砖→检测调整→逐层砌砖→逐层检测调整→勾缝、清洁。

木坐凳基础的砌筑流程与方法可参考花池砌筑，但要注意两者的区别。如果坐凳基础用的是轻质砖，因尺寸规格、强度、重量均与水泥砖块有明显差异，所以在砌筑时需轻拿轻放，尤其是在检测调整环节，不能过分用力敲击轻质砖，以免造成破裂。

图片展示：

▲ 木坐凳基座-1　　　　▲ 木坐凳基座-2　　　　▲ 木坐凳基座-3

▲ 木坐凳基座-4　　　　▲ 木坐凳基座-5　　　　▲ 木坐凳基座-6

5.1.7 轻质砖围挡施工流程与技术要点

施工流程：搬运材料→搅拌水泥砂浆→按图放样→基础开挖（大于图示尺寸）→平整、夯实→切割轻质砖→砌筑第一层→检测尺寸、标高→逐层砌筑（逐层检测调整）→检测调整顶层尺寸、标高→勾缝→清洁整理。

技术要点：①轻质砖围挡的基础开挖，要求大于图示尺寸 100mm 左右。②每一层轻质砖都要求错缝砌筑，上下不可通缝，缝隙间距控制在 10mm 左右。③参赛选手要掌握轻质砖切割的技巧，可采用专业切割手锯进行切割。④适时进行勾缝处理，注意砌体的稳定性和美观度。

图片展示：

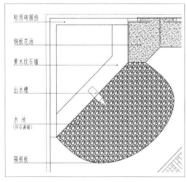

▲ 轻质砖围挡示意图　　▲ 轻质砖切割专用手锯　　▲ 轻质砖切割方式之一

▲ 轻质砖（比赛供料）　　▲ 轻质砖围挡-1　　▲ 轻质砖围挡-2

▲ 轻质砖围挡-3　　▲ 轻质砖围挡-4

5.2 铺装工艺与技术要点

园林景观中铺装的形式多样、类型丰富，参赛选手需要了解花岗岩道牙石、花岗岩板材、透水砖、小料石、黄木纹片岩、火山岩、鹅卵石等材料的特性，掌握正确的铺装方法，具备精准铺设园路、汀步、台阶等各种类型铺装的能力。

5.2.1 道牙石铺装工艺与技术要点

铺装流程：准备材料、工具→按图定位放样→基础开挖→平整、夯实→道牙石切割→铺装道牙石→检测调整尺寸、标高→清扫整理。

技术要点：①准备铺装材料：花岗岩板道牙石；准备铺装工具：大型石材切割机、铁锹、夯土器、钢卷尺、水平尺、橡皮锤、抹子、扫把等。②根据图纸上道牙石铺装的位置与尺寸进行测量定位，用木桩和白灰放毛样。③在放样处进行基础开挖，并用夯土器夯实。平整夯实场地是铺装中比较重要环节，基础紧实才不影响道牙石的平整。若是土壤起尘则较为干燥，可向土壤表面适当洒水。④用面包砖和建筑线精准放线，其好处是既可以确定边界，又可以确定标高。⑤道牙石切割，先对道牙进行划线标记，然后用大型台式切割机进行切割。切割时需佩戴橡胶手套、护目镜、口罩、耳塞等护具。⑥根据道牙所在的位置及材料特点，铺装顺序可从一头开始，也可由90°拐弯处开始，即从中间向两头，要求铺装平整、无松动。⑦道牙石铺装过程中，应及时检查道牙石的尺寸、高度和水平度，这项工作一直贯穿整个铺装过程。

图片展示：

▲ 道牙石（花岗岩）

▲ 道牙石（花岗岩）

▲ 道牙石（红砂岩）

▲ 道牙石切割-1

▲ 道牙石切割-2

▲ 道牙石比赛作品-1

▲ 道牙石比赛作品-2

▲ 道牙石比赛作品-3

▲ 道牙石比赛作品-4

▲ 道牙石比赛作品－5

▲ 道牙石铺装细节问题

道牙石安装评分标准（各年略有差异，以当年评分标准为准）：

道牙石安装 7 分：M（测量）6 分 + J（评判）1 分			
M	标高 1	容差 ± 0~2mm，1； ±>2~4mm，0.5；> 4mm，0	1 分
M	标高 2	容差 ± 0~2mm，1； ±>2~4mm，0.5；> 4mm，0	1 分
M	标高 3	容 差 ± 0~2mm，1； ±>2~4mm，0.5；> 4mm，0	1 分
J	道牙交接处全部 倒角且合理	同一高程相交的道牙须倒角， 发现一处未倒角不得分	2 分
J	水平		1 分
J	道牙的整体外观		1 分
		少于一半的道牙密缝铺设、切口整齐均匀，整体观感较差	0~0.2 分
		多于一半的道牙密缝铺设、切口整齐均匀，整体观感一般	0.3~0.5 分
		四分之三的道牙密缝铺设、切口整齐均匀，整体观感较好	0.6~0.8 分
		所有的道牙密缝铺设、切口整齐均匀，整体观感很好	0.9~1.0 分

5.2.2 花岗岩铺装工艺与技术要点

铺装流程： 准备材料、工具→按图定位放样→基础开挖→平整、夯实→道牙石切割→铺装道牙石→检测调整尺寸、标高→铺设中间主体→花岗岩板材切割（现量现切）→铺设边角→检测调整尺寸、标高→清扫整理。

施工要点： ①准备铺装材料：花岗岩板材、细砂；准备铺装工具：手持石材切割机、铁锹、夯土器、钢卷尺、水平尺、橡皮锤、抹子、扫把等。②根据图纸上花岗岩铺装的位置与尺寸进行测量定位，用木桩和白灰放毛样。③在放样处进行基础开挖，并用夯土器夯实。平整夯实场地是铺装中比较重要环节，基础紧实才不影响板材的平整。若是土壤起尘则较为干燥，可向土壤表面适当洒水。④用面包砖和建筑线精准放线，其好处既可以确定边界，又可以确定标高。⑤先铺装道牙，道牙石的固定有利于花岗岩板材铺装的精准定位。⑥铺设花岗岩中间主体时，为提高精准度，花岗岩横向方向可挂线铺设，每排挂线一道，分排铺设；竖向方向铺设时要注意各排错缝。用橡皮锤轻轻锤击花岗岩，使其四角与周边花岗岩平齐。⑦主体铺装基本完成后，最后铺装边角部分。铺设边角花岗岩时需要检查尺寸、高度、水平度，可以用抹子适当微调缝隙。⑧用扫把清扫铺装面上的杂物。

图片展示：

▲ 花岗岩板切割

▲ 花岗岩铺装比赛作品-1

▲ 花岗岩铺装比赛作品-2

▲ 花岗岩铺装比赛作品-4

▲ 花岗岩铺装比赛作品-3

▲ 花岗岩铺装比赛作品-5

园路铺装
（三种面料）

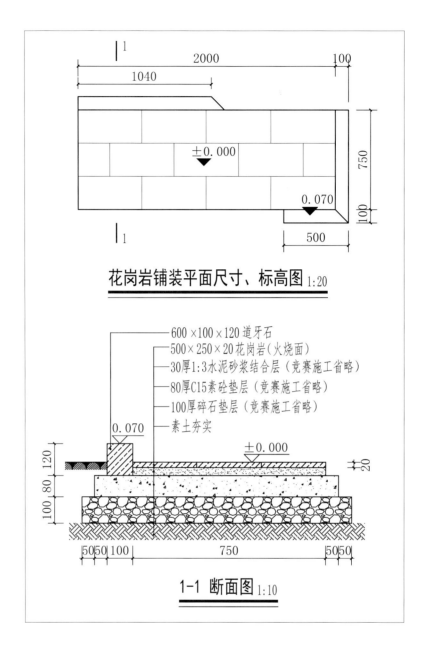

花岗岩铺装平面尺寸、标高图 1:20

600×100×120 道牙石
500×250×20 花岗岩(火烧面)
30厚1:3水泥砂浆结合层(竞赛施工省略)
80厚C15素砼垫层(竞赛施工省略)
100厚碎石垫层(竞赛施工省略)
素土夯实

1-1 断面图 1:10

花岗岩铺装评分标准（各年略有差异，以当年评分标准为准）：

花岗岩铺装4分：M（测量）3.5分 + J（评判）0.5分		
M	尺寸1	容差 ± 0~2mm，0.5；±>2~4mm，0.25；> 4mm，0	0.5分
M	尺寸2	容差 ± 0~2mm，0.5；±>2~4mm，0.25；> 4mm，0	0.5分
M	标高1	容差 ± 0~2mm，1；±>2~4mm，0.5；> 4mm，0	1分
M	标高2	容差 ± 0~2mm，1；±>2~4mm，0.5；> 4mm，0	1分
M	水平	水平尺气泡在两侧边线之内	0.5分
J	是否全部错缝铺设		0.5分

5.2.3 透水砖铺装流程与技术要点

铺装流程：准备材料、工具→按图定位放样→基础开挖→平整、夯实→道牙石切割→铺装道牙石→检测调整尺寸、标高→铺设中间主体→透水砖切割（现量现切）→铺设边角→检测调整尺寸、标高→细砂扫缝→清扫整理。

技术要点：透水砖铺装的技术要点与花岗岩铺装基本相同，不同之处有两个：①透水砖铺装需要工字铺；②透水砖铺装需要用细砂扫缝。

图片展示：

▲ 透水砖训练作品-1

▲ 透水砖训练作品-2

▲ 透水砖训练作品-3

▲ 透水砖训练作品-4

▲ 透水砖训练作品-5

▲ 透水砖比赛作品-1

▲ 透水砖比赛作品-2

▲ 实际工程透水砖铺装

▲ 透水砖铺装细节问题

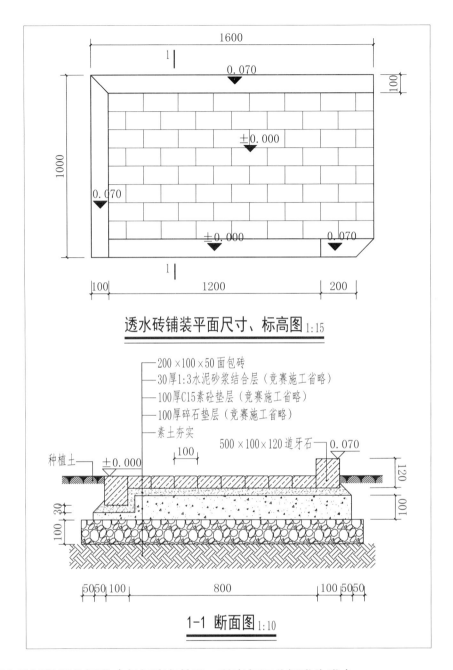

透水砖铺装平面尺寸、标高图1:15

—200×100×50面包砖
—30厚1:3水泥砂浆结合层（竞赛施工省略）
—100厚C15素砼垫层（竞赛施工省略）
—100厚碎石垫层（竞赛施工省略）
—素土夯实

500×100×120道牙石

种植土

1-1 断面图1:10

透水砖铺装评分标准（各年略有差异，以当年评分标准为准）：

透水砖铺装：M（测量）3.5分			
M	尺寸1	容差±0~2mm，0.5； ±>2~4mm，0.25；>4mm，0	0.5分
M	尺寸2	容差±0~2mm，0.5； ±>2~4mm，0.25；>4mm，0	0.5分
M	标高1	容差±0~2mm，1； ±>2~4mm，0.5；>4mm，0	1分
M	标高2	容差±0~2mm，1； ±>2~4mm，0.5；>4mm，0	1分
M	水平	水平尺气泡在两侧边线之内	0.5分

5.2.4 小料石铺装流程与技术要点

铺装流程：准备材料、工具→按图定位放样→基础开挖→放坡、夯实→道牙石切割→铺装道牙石→检测调整尺寸、标高→铺设中间主体→小料石加工（现量现凿）→铺设边角→检测调整尺寸、坡度→用木龙骨敲打（放坡均匀）→细砂扫缝→清扫整理。

技术要点：小料石的铺设与普通板材铺设方法基本相同。难点是要求有坡度、缝隙均匀。因小料石面积小，表面为自然面，可借助一段挺直的木龙骨进行整体敲击，以控制整体坡度的均匀。

边角部位的小料石不允许使用石材切割机切割，只能用铁凿二次加工，形状与道牙边界吻合。小料石之间所有的缝隙都要用细砂填充扫缝，待铺设完成后用扫把清扫多余的砂子。

图片展示：

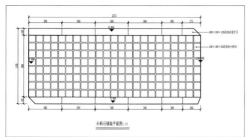
▲ 小料石铺装平面图

▲ 小料石铺装模型-1

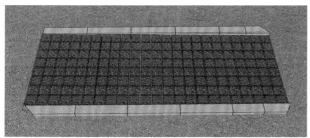
▲ 小料石铺装模型-2

▲ 小料石铺装方式-1

▲ 小料石铺装方式-2

▲ 小料石铺装细砂扫缝

▲ 小料石铺装细砂清扫

▲ 小料石训练作品-1

▲ 小料石训练作品-2

▲ 小料石训练作品-3

小料石铺装

▲ 实际工程小料石铺装-1

▲ 实际工程小料石铺装-2

▲ 小料石铺装细节问题

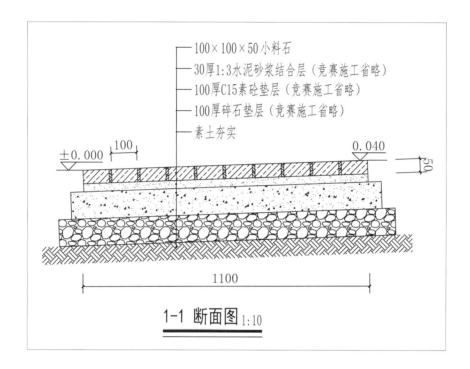

—— 100×100×50 小料石
—— 30厚1:3水泥砂浆结合层（竞赛施工省略）
—— 100厚C15素砼垫层（竞赛施工省略）
—— 100厚碎石垫层（竞赛施工省略）
—— 素土夯实

±0.000   100   0.040
                                                              50

1100

1-1 断面图 1:10

小料石铺装评分标准（各年略有差异，以当年评分标准为准）：

小料石铺装3分：M（测量）0.5分 + J（评判）2.5分			
M	尺寸	容差 ± 0~2mm，0.5； ±>2~4mm，0.25；> 4mm，0	0.5分
J	是否全部细砂扫缝		0.5分
J	小料石间的缝隙均匀		1分
		大部分的缝隙不均匀	0~0.2分
		50%的缝隙均匀一致	0.3~0.5分
		超过50%的缝隙均匀一致	0.6~0.8分
		所有的缝隙都均匀一致	0.9~1.0分
J	小料石铺装的整体外观		1分

5.2.5 黄木纹片岩铺装流程与技术要点

铺装流程：准备材料、工具→按图定位放样→基础开挖→放坡、夯实→道牙石切割→铺装道牙石→检测调整尺寸、标高→铺设中间主体→黄木纹片岩加工（现量现凿）→铺设边角→检测调整尺寸、标高→细砂扫缝→清扫整理→标注标高测量点（实际测量点数的 2 倍）。

技术要点：黄木纹片岩碎拼与普通板材铺设方法基本相同。难点是要求缝隙均匀。因黄木纹片岩大小不一，表面为自然面，高低不平，可借助一段挺直的木龙骨进行整体敲击，以控制整体的平整度。

黄木纹片岩不允许使用石材切割机切割，只能用铁锤二次加工，形状与道牙边界吻合。黄木纹片岩之间所有的缝隙都要用细砂填充扫缝，待铺设完成后用扫把清扫多余的砂子。

图片展示：

▲ 黄木纹片岩碎拼训练过程-1　　▲ 黄木纹碎拼训练过程-2　　▲ 黄木纹碎拼训练作品-1

▲ 黄木纹碎拼训练作品-2　　▲ 黄木纹碎拼比赛作品-1　　▲ 黄木纹片岩碎拼比赛作品-2

▲ 黄木纹片岩碎拼比赛作品-3　　　　　　　▲ 黄木纹片岩碎拼实际工程

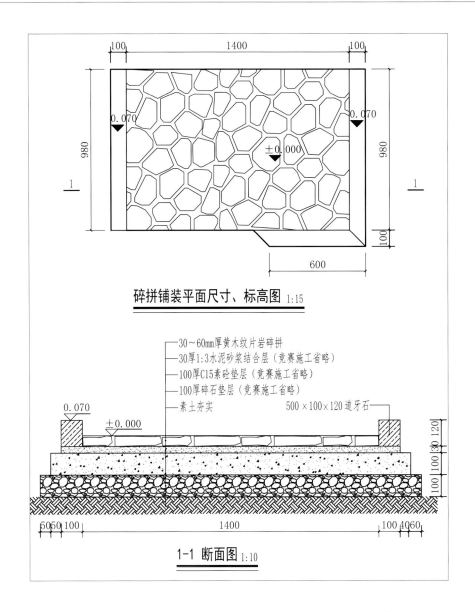

碎拼铺装平面尺寸、标高图 1:15

- 30~60mm厚黄木纹片岩碎拼
- 30厚1:3水泥砂浆结合层（竞赛施工省略）
- 100厚C15素砼垫层（竞赛施工省略）
- 100厚碎石垫层（竞赛施工省略）
- 素土夯实
- 500×100×120道牙石

1-1 断面图 1:10

黄木纹片岩铺装评分标准（各年略有差异，以当年评分标准为准）：

黄木纹片岩铺装4分：M（测量）2分 + J（评判）2分			
M	标高1	容差 ± 0~2mm，1； ±>2~4mm, 0.5；> 4mm, 0	1分
M	标高2	容差 ± 0~2mm，1； ±>2~4mm, 0.5；> 4mm, 0	1分
J	基础经过了开挖、夯实等流程		1分
J	铺装的缝隙均匀		1分
		大部分的缝隙不均匀	0~0.2分
		50%的缝隙均匀一致	0.3~0.5分
		超过50%（大部分）的缝隙均匀一致	0.6~0.8分
		所有的缝隙都均匀一致	0.9~1.0分

5.2.6 火山岩铺装流程与技术要点

铺装流程： 准备材料、工具→按图定位放样→基础开挖→平整、夯实→道牙石切割→铺装道牙石→检测调整尺寸、标高→铺设中间主体→火山岩加工（现量现凿）→铺设边角→检测调整尺寸、标高→细砂扫缝→清扫整理→标注标高测量点（实际测量点数的2倍）。

技术要点： 火山岩碎拼与普通板材铺设方法基本相同。难点是要求缝隙均匀。因火山岩大小不一，表面为机切面，厚薄不均匀，可借助一段挺直的木龙骨进行整体敲击，以控制整体的平整度。

火山岩不允许使用石材切割机切割，只能用铁锤二次加工，形状与道牙边界吻合。火山岩之间所有的缝隙都要用细砂填充扫缝，待铺设完成后用扫把清扫多余的砂子。

图片展示：

▲ 火山岩批量采购-1

▲ 火山岩批量采购-2

▲ 火山岩批量采购-3

▲ 火山岩铺装训练作品-1

▲ 火山岩铺装训练作品-2

▲ 火山岩铺装训练作品-3

▲ 火山岩铺装训练作品-4

▲ 火山岩铺装细节问题（未细砂扫缝）

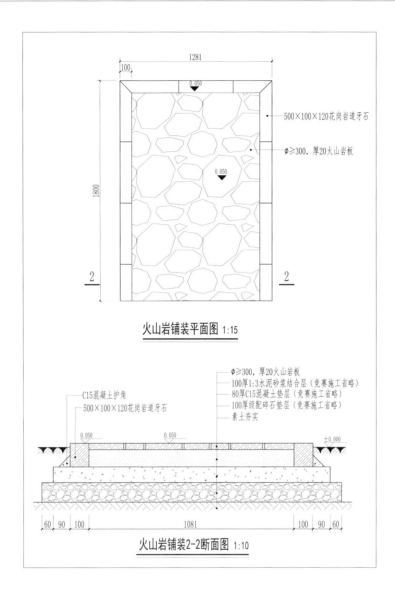

火山岩铺装平面图 1:15

火山岩铺装2-2断面图 1:10

火山岩铺装评分标准（各年略有差异，以当年评分标准为准）：

火山岩铺装4分：M（测量）2分 + J（评判）2分			
M	标高1	容差 ± 0~2mm，1； ±>2~4mm，0.5；> 4mm，0	1分
M	标高2	容差 ± 0~2mm，1； ±>2~4mm，0.5；> 4mm，0	1分
J	基础经过了开挖、夯实等流程		1分
J	铺装的缝隙均匀		1分
		大部分的缝隙不均匀	0~0.2分
		50%的缝隙均匀一致	0.3~0.5分
		超过50%（大部分）的缝隙均匀一致	0.6~0.8分
		所有的缝隙都均匀一致	0.9~1.0分

5.2.7 汀步铺设流程与技术要点

铺装流程：准备材料、工具→按图定位放样→基础开挖→平整、夯实→汀步铺设→检测调整尺寸、标高。

技术要点：汀步铺设与普通板材铺设方法基本相同，难点是要求间距均匀。

图片展示：

▲ 汀步铺设比赛作品 -1

▲ 汀步铺设比赛作品 -2

▲ 汀步铺设比赛作品 -3

▲ 汀步铺设比赛作品 -4

▲ 汀步铺设比赛作品 -5

▲ 汀步铺设比赛作品 -6

▲ 汀步铺设比赛作品 -7

▲ 汀步铺设比赛作品 -8

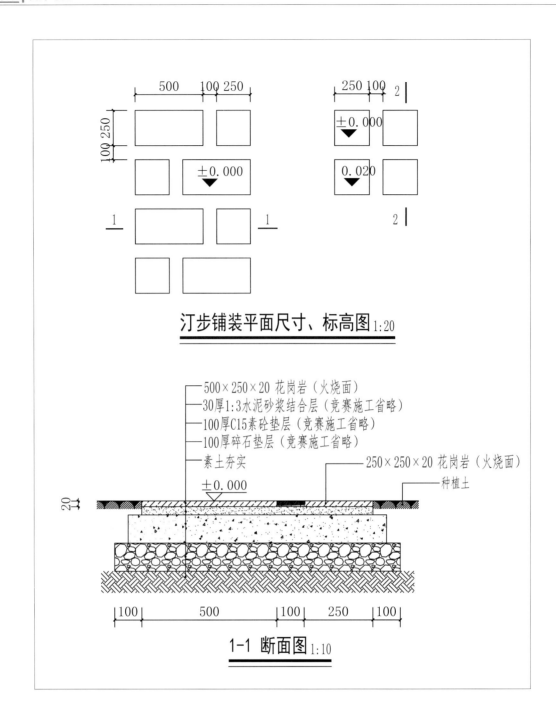

汀步铺装平面尺寸、标高图 1:20

500×250×20 花岗岩（火烧面）
30厚1:3水泥砂浆结合层（竞赛施工省略）
100厚C15素砼垫层（竞赛施工省略）
100厚碎石垫层（竞赛施工省略）
素土夯实
±0.000
250×250×20 花岗岩（火烧面）
种植土

1-1 断面图 1:10

5.3 木作工艺与技术要点

园林景观施工比赛"木作模块"的主要内容有木平台、木坐凳、木廊架、木栅栏、绿植墙、木作小品等。木作模块要求学生能够准确测量、标记、切割木材（手锯或电动切割机）、布局、组装、制作木质构件等，其中组装方面要求学生掌握简单的榫卯制作、搭接以及木料之间的钉接（用电动工具钉固或用锤子敲打钉接）。

5.3.1 木平台制作工艺与技术要点

木平台制作是"木作模块"的重要内容，而且木平台大小不一、样式各异。根据形状，木平台可分为正方形木平台、长方形木平台、圆形木平台、半圆形木平台、弧形木平台、异形木平台等；根据高度可分为单层木平台、双层木平台、多层木平台等。

施工流程：准备材料、工具→测量、标记→木材切割→基础开挖、夯实→安装基座→检测调整→安装龙骨（骨架）→检测调整→安装面板→检测调整→安装边框（封板）→检测调整→打磨、清洁。

技术要点：①根据图纸准备材料（木料、螺丝钉）和工具（卷尺、木工笔、直角尺、三角尺、水平尺、台式斜切锯、手持切割机、曲线锯、磨光机、手持无线电钻、铁锤、橡皮锤等），并将其放置在合适的区域；木作加工时需要一定的作业空间。②根据图纸尺寸，对木料进行测量、划线、切割。为提高安全性与精准度，可利用斜切锯进行切割；斜切锯可平锯、斜锯、精准切45°斜角等，对于大规格的木料也较易加工。切割时注意不能佩戴线手套，且应戴好护目镜、耳塞、口罩等护具。木料切割之后，需要用木工砂纸或磨光机对切口进行打磨。③在定位放样之后进行基础开挖，开挖前需要计算木平台的高度和开挖深度，这样才能确保木平台成品高度与图纸相符；开挖完成后，用夯土器进行基础夯实。④在夯实的基础上安装木平台基座，检查每个基座的高度、间距、水平度，调整到精确无误为止。⑤在基座安装无误的前提下，安装木平台龙骨；采用螺丝钉钉接的方式，调整好龙骨的间距、高度、水平等。⑥安装边框（封板）可以在面板安装之前进行，也可以在面板安装完成后进行，这两道工序的先后主要取决于选手的作业习惯。先安装边框有助于把握平台的总体尺寸。这一环节通常需要两位选手配合才能有效完成。⑦安装面板之前，要对面板切口进行打磨。安装时要根据面板缝隙的宽度，制作木片或竹片的卡件，利于调整、控制面板与面板间的缝隙大小。在螺钉固定前，可用木工笔在钉接位置轻划直线作参考，以保证螺钉在一条直线上。⑧钉螺钉时左手捏住钉头位置，右手拿稳手持无线电钻，电钻与螺钉成一条直线上；启动电钻按钮先简单钉住后，松开左手，两手一起握住电钻，借助身体及手臂力量给电钻一定的推力，这样就可一气呵成钉固螺钉。⑨选手需要用木工砂纸或磨光机对边框封板接口、面板上的污渍进行打磨和清洁，对完成的成品要有保护的意识。⑩检测调整，此环节贯穿于整个施作过程；选手应根据需求及时进行检测、调整，主要检测尺寸、间距、高度、水平度等，以达到面板尺寸准确、缝隙均匀、螺钉整齐、表面平整。

单层五边异形木平台制作图片展示:

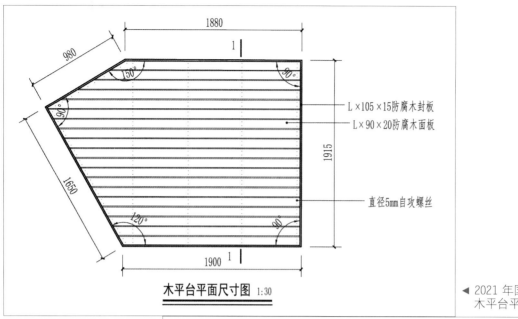

木平台平面尺寸图 1:30

◀ 2021 年国赛试题（一）
木平台平面尺寸图

标注：
- L×105×15防腐木封板
- L×90×20防腐木面板
- 直径5mm自攻螺丝

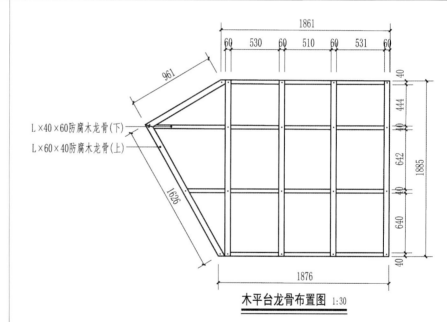

▶ 2021 年国赛试题（一）
木平台龙骨布置图

木平台龙骨布置图 1:30

标注：
- L×40×60防腐木龙骨(下)
- L×60×40防腐木龙骨(上)

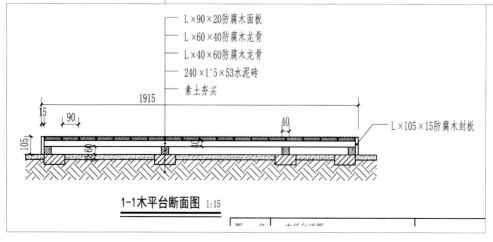

1-1木平台断面图 1:15

标注：
- L×90×20防腐木面板
- L×60×40防腐木龙骨
- L×40×60防腐木龙骨
- 240×1'5×53水泥砖
- 素土夯实
- L×105×15防腐木封板

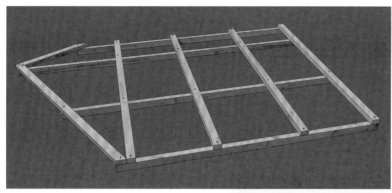

◀ 2021 年国赛试题（一）
木平台龙骨布置模型

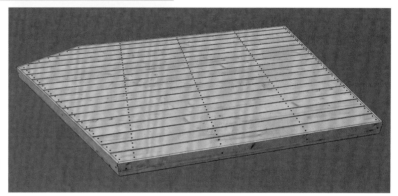

▶ 2021 年国赛试题（一）
木平台整体模型

单层六边异形木平台制作图片展示：

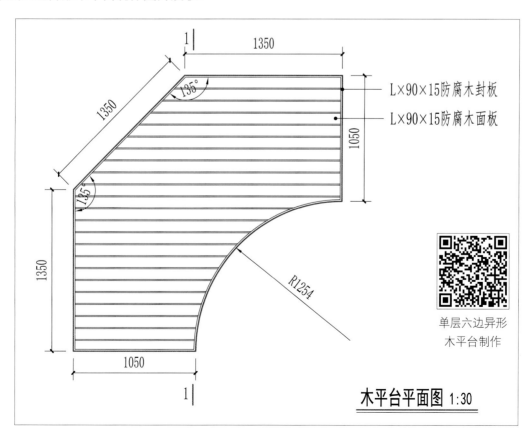

L×90×15防腐木封板
L×90×15防腐木面板

单层六边异形
木平台制作

木平台平面图 1:30

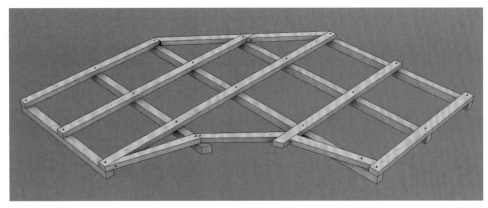

◀ 2021 年国赛试题
（四）木平台龙骨
布置模型

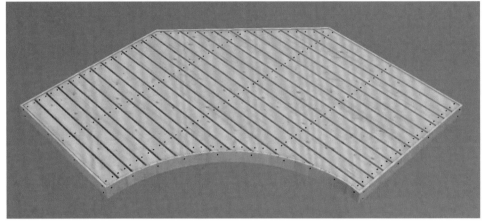

▶ 2021 年国赛试题
（四）木平台整体
模型

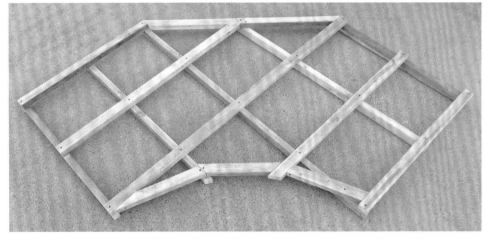

◀ 2021 年国赛试题
（四）木平台龙骨
布置训练作品

▶ 2021 年浙江省赛
试题（一）木平台
赛前训练作品

单层半圆形木平台制作图片展示：

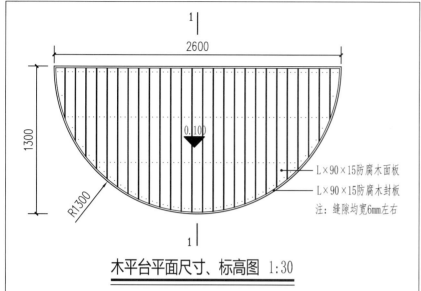

单层半圆形
木平台制作

L×90×15防腐木面板
L×90×15防腐木封板
注：缝隙均宽6mm左右

木平台平面尺寸、标高图 1:30

◀ 2021 年国赛试题（三）
木平台平面尺寸图

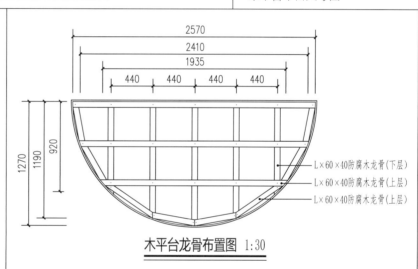

L×60×40防腐木龙骨(下层)
L×60×40防腐木龙骨(上层)
L×60×40防腐木龙骨(上层)

木平台龙骨布置图 1:30

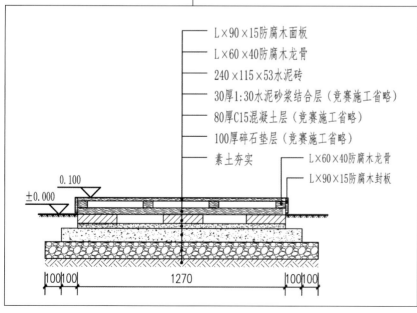

L×90×15防腐木面板
L×60×40防腐木龙骨
240×115×53水泥砖
30厚1:30水泥砂浆结合层（竞赛施工省略）
80厚C15混凝土层（竞赛施工省略）
100厚碎石垫层（竞赛施工省略）
素土夯实
L×60×40防腐木龙骨
L×90×15防腐木封板

◀ 2021 年国赛试题（三）
木平台断面图

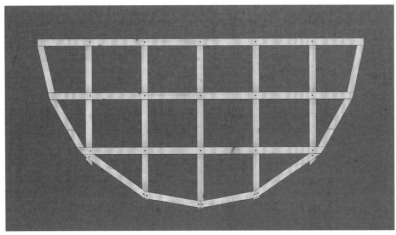

◀ 2021 年国赛试题（三）
木平台龙骨布置模型-1

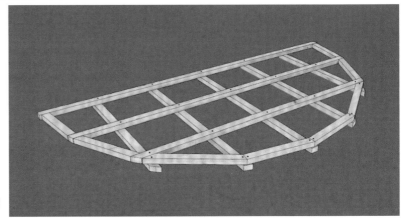

▶ 2021 年国赛试题（三）
木平台龙骨布置模型-2

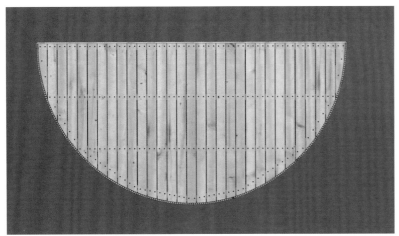

◀ 2021 年国赛试题（三）
木平台整体模型-1

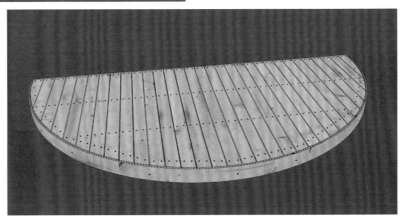

▶ 2021 年国赛试题（三）
木平台整体模型-2

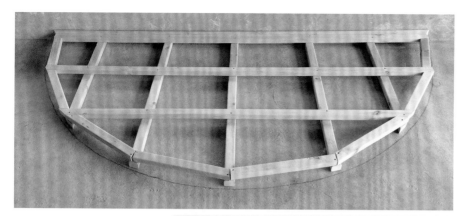

◀ 2021 年国赛试题（三）
木平台龙骨布置训练
作品－1

▶ 2021 年国赛试题（三）
木平台龙骨布置训练
作品－2

◀ 2021 年国赛试题（三）
木平台赛前训练作品

▶ 2021 年国赛试题（三）
木平台赛前训练组合
作品

双层多边半弧木平台制作图片展示：

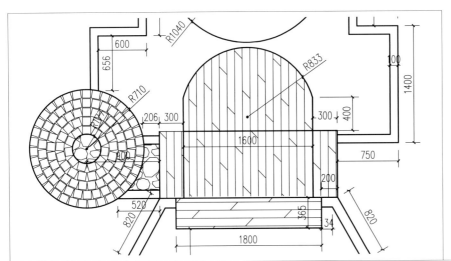

◀ 2020年国赛试题（四）
平面尺寸图（局部）

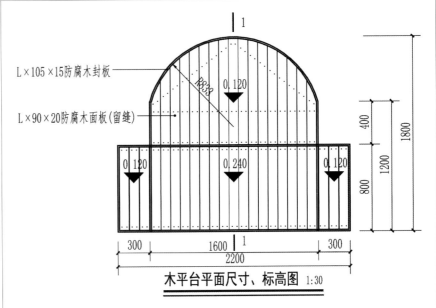

L×105×15防腐木封板

L×90×20防腐木面板(留缝)

木平台平面尺寸、标高图 1:30

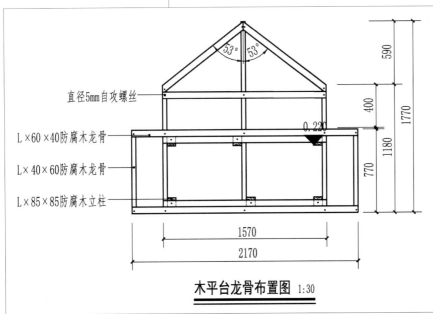

直径5mm自攻螺丝

L×60×40防腐木龙骨

L×40×60防腐木龙骨

L×85×85防腐木立柱

木平台龙骨布置图 1:30

◀ 2020 年国赛试题（四）
木平台龙骨布置模型 −1

▶ 2020 年国赛试题（四）
木平台赛前训练作品

◀ 2020 年国赛试题（四）
木平台比赛作品 −1

▶ 2020 年国赛试题（四）
木平台比赛作品 −2

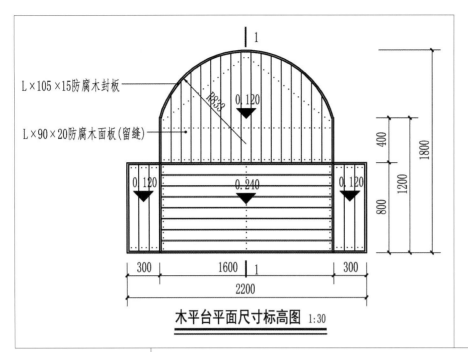

L×105×15防腐木封板

L×90×20防腐木面板(留缝)

R838

0.120

0.120 0.240 0.120

400 1200 1800

800

300 1600 1 300

2200

木平台平面尺寸标高图 1:30

双层异形木平台制作
（2020 年国赛）

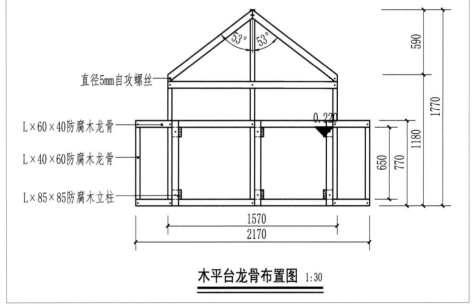

直径5mm自攻螺丝

L×60×40防腐木龙骨

L×40×60防腐木龙骨

L×85×85防腐木立柱

53° 53°

0.220

590 1770

650 770 1180

1570

2170

木平台龙骨布置图 1:30

◀ 2020 年国赛试题（四）
木平台龙骨布置模型–2

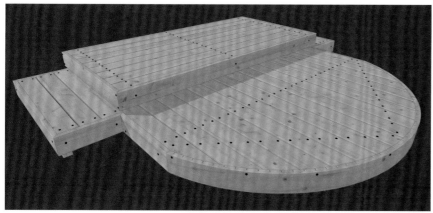

◀ 2020 年国赛试题（四）
木平台整体模型－2

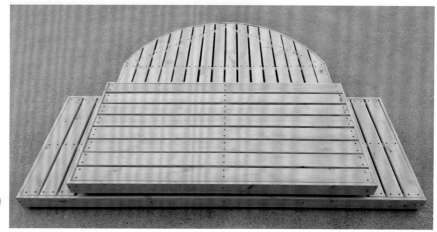

▶ 2020 年国赛试题（四）
木平台赛前训练作品

双层四曲边木平台制作图片展示：

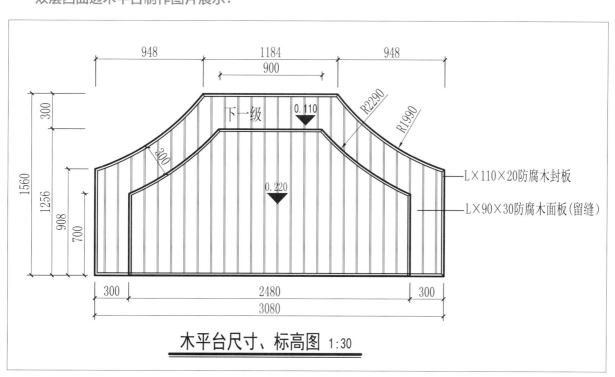

木平台尺寸、标高图 1:30

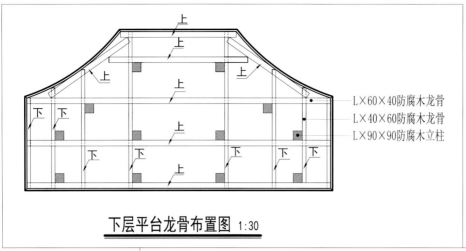

下层平台龙骨布置图 1:30

L×60×40防腐木龙骨
L×40×60防腐木龙骨
L×90×90防腐木立柱

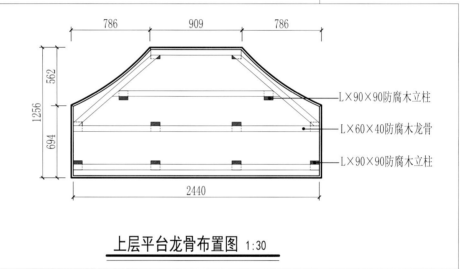

L×90×90防腐木立柱
L×60×40防腐木龙骨
L×90×90防腐木立柱

上层平台龙骨布置图 1:30

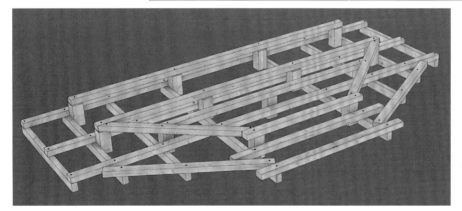

◀ 2020 年世赛试题（二）
双层四曲边木平台龙骨
布置模型

▶ 2020 年世赛试题（二）
双层四曲边木平台整体
模型

双层四曲边木平台制作
（2020 年世赛）

◀ 2020 年世赛试题（二）
双层四曲边木平台龙骨
布置练习 -1

▶ 2020 年世赛试题（二）
双层四曲边木平台龙骨
布置练习 -2

◀ 2020 年世赛试题（二）
双层四曲边木平台赛前
训练作品 -1

▶ 2020 年世赛试题（二）
双层四曲边木平台赛前
训练作品 -2

双层多边半圆弧木平台制作图片展示：

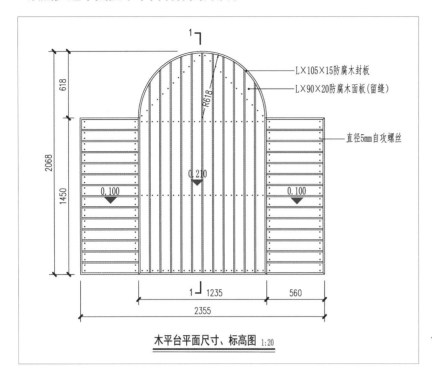

L×105×15防腐木封板
L×90×20防腐木面板(留缝)
直径5mm自攻螺丝

木平台平面尺寸、标高图 1:20

◀ 2021 年广东省赛双层木平台
平面尺寸、标高图

▲ 双层木平台龙骨布置

▲ 双层木平台制作整体效果（俯视）

▲ 双层木平台制作整体效果（背面）

▲ 2021 年广东省赛双层木平台制作完整作品

双层多边异形木平台制作图片展示：

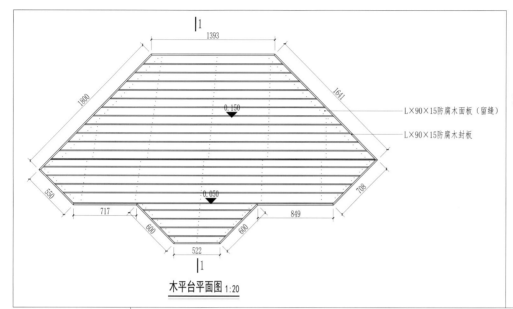

木平台平面图 1:20

双层异形木平台制作
（2022年国赛）

◀ 2022年国赛试
题（十）木平台
平面尺寸图

L×90×15防腐木面板（留缝）

L×90×15防腐木封板

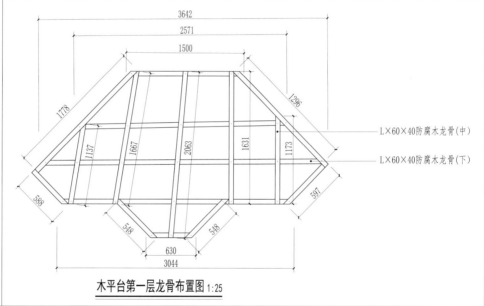

L×60×40防腐木龙骨（中）

L×60×40防腐木龙骨（下）

木平台第一层龙骨布置图 1:25

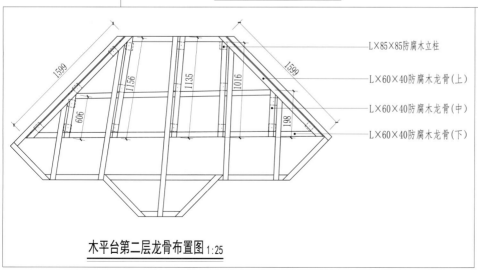

L×85×85防腐木立柱

L×60×40防腐木龙骨（上）

L×60×40防腐木龙骨（中）

L×60×40防腐木龙骨（下）

木平台第二层龙骨布置图 1:25

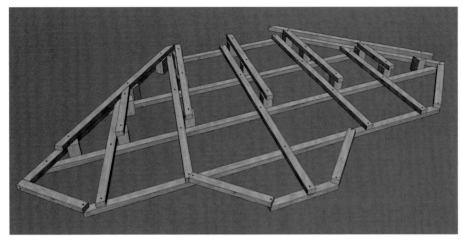

◀ 2022 年国赛试题（十）
双层多边形木平台龙骨
布置模型

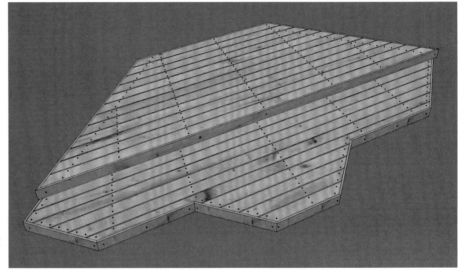

▶ 2022 年国赛试题（十）
双层多边形木平台整体
模型

◀ 2022 年国赛试题（十）
双层多边形木平台比赛
作品 -1

▶ 2022 年国赛试题（十）
双层多边形木平台比赛
作品 -2

双层木平台和木坐凳组合制作图片展示：

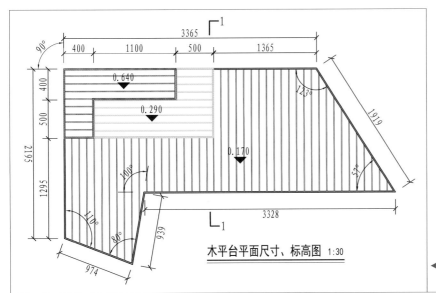

木平台平面尺寸、标高图 1:30

◀ 2020 年国赛试题（五）
木平台平面尺寸图

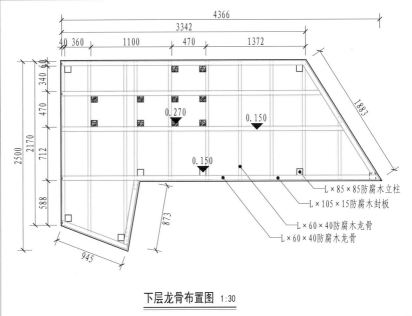

下层龙骨布置图 1:30

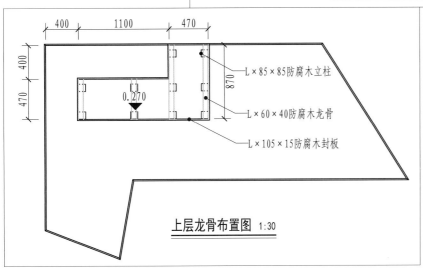

上层龙骨布置图 1:30

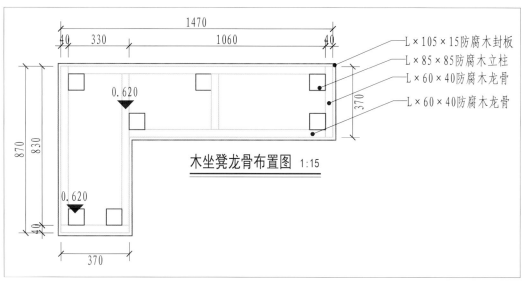

木坐凳龙骨布置图 1:15

L×105×15防腐木封板
L×85×85防腐木立柱
L×60×40防腐木龙骨
L×60×40防腐木龙骨

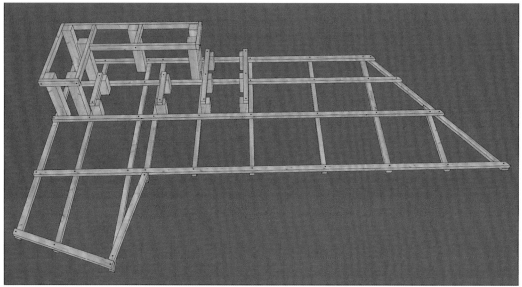

▲ 2020 年国赛试题（五）双层木平台和木坐凳龙骨布置模型

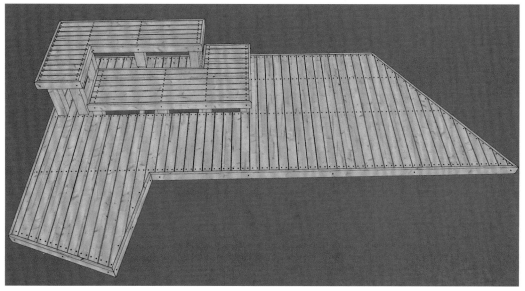

▲ 2020 年国赛试题（五）双层木平台和木坐凳组合整体模型

▲ 2020 年国赛试题（五）双层木平台和木坐凳组合训练作品－1

▲ 2020 年国赛试题（五）双层木平台和木坐凳组合训练作品－2

▲ 2020 年国赛试题（五）双层木平台和木坐凳组合训练作品－3

实际工程木平台制作图片展示：

▲ 室内木平台龙骨布置（侧面）

▲ 室内木平台龙骨布置（正面）

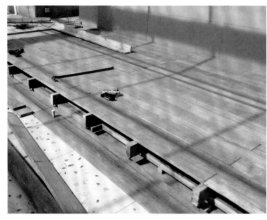

▲ 室内木平台面板铺设（侧面）

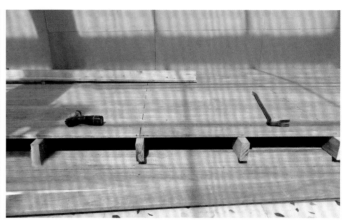

▲ 室内木平台面板铺设（正面）

▲ 室内木平台面板油漆（打底处理）

▲ 室外木平台龙骨下方垫砖

▲ 室外木龙骨涂刷沥青防腐

▲ 室外木平台面板铺设

▲ 木平台地面基础施工（铺垫碎石）

▲ 木平台地面基础施工（钢筋混凝土浇筑）

▲ 木平台地面基础施工（钢筋混凝土保养）

▲ 木平台基础施工（木龙骨铺设固定）

▲ 木平台面层施工（面板铺设固定－1）

▲ 木平台面层施工（面板铺设固定－2）

▲ 木平台面层施工（面板油漆防腐）

▲ 木平台施工成品效果

◀ 因为上下龙骨未连成一体，
  发生了断裂现象

木平台评分标准（各年略有差异，以当年评分标准为准）：

木平台 14.5 分：M（测量）8 分 + J（评判）6.5 分			
M	尺寸 1	容差 ± 0~2mm，0.5； ±>2~4mm 3~4mm，0.25；> 4mm，0	0.5 分
M	尺寸 2	容差 ± 0~2mm，0.5； ±>2~4mm 3~4mm，0.25；> 4mm，0	0.5 分
M	尺寸 3	容差 ± 0~2mm，0.5； ±>2~4mm 3~4mm，0.25；> 4mm，0	0.5 分
M	尺寸 4	容差 ± 0~2mm，0.5； ±>2~4mm 3~4mm，0.25；> 4mm，0	0.5 分
M	尺寸 5	容差 ± 0~2mm，0.5； ±>2~4mm 3~4mm，0.25；> 4mm，0	0.5 分
M	尺寸 6	容差 ± 0~2mm，0.5； ±>2~4mm 3~4mm，0.25；> 4mm，0	0.5 分
M	高度 1	容差 ± 0~2mm，1； ±>2~4mm，0.5；> 4mm，0	1 分
M	高度 2	容差 ± 0~2mm，1； ±>2~4mm，0.5；> 4mm，0	1 分
M	高度 3	容差 ± 0~2mm，1； ±>2~4mm，0.5；> 4mm，0	1 分
M	高度 4	容差 ± 0~2mm，1； ±>2~4mm，0.5；> 4mm，0	1 分
M	是否水平	水平尺气泡在两侧边线之内	1 分
J	封板倒角		1.5 分
J	每个立柱基础均经过了开挖、夯实、垫砖等流程且按图纸要求施工		1 分

木平台 14.5分：M（测量）8分 + J（评判）6.5分			
J	面板的缝隙均匀		1分
		大部分木板间的缝隙不均匀	0~0.2分
		50%的木板缝隙均匀一致	0.3~0.5分
		超过50%的木板间的缝隙均匀一致	0.6~0.8分
		所有木板间的缝隙都均匀一致	0.9~1.0分
J	面板上的螺钉均位于一条直线上		1分
		螺钉安装未经思考，杂乱无序	0~0.2分
		大于50%的面板上的螺钉位于一条直线上	0.3~0.5分
		所有面板上的螺钉位于一条直线上	0.6~0.8分
		所有面板上的螺钉位于一条直线上且不高于面板表面	0.9~1.0分
J	木平台的整体表现		1分
		整体没有完成	0~0.2分
		整体完成但看起来一般	0.3~0.5分
		整体完成且看起来比较美观	0.6~0.8分
		整体完成且看起来非常美观	0.9~1.0分
J	木板所有切割部分均打磨过		1分
		切割面打磨未超过50%	0~0.2分
		50%~70% 切割面打磨过	0.3~0.5分
		70%~85% 切割面打磨过	0.6~0.8分
		超过85% 切割面打磨过	0.9~1.0分

5.3.2 木坐凳制作工艺与技术要点

木坐凳制作也是"木作模块"的重要内容，而且木坐凳有多种样式。根据形状可分为长方形木坐凳、直角形木坐凳、折角形木坐凳、弧形木坐凳等；根据基座材料可分为水泥砖基座木坐凳、轻质砖基座木坐凳、黄木纹片岩基座木坐凳、防腐木立柱木坐凳等。

施工流程：准备材料、工具→测量、标记→木材切割→基础开挖、夯实→基座砌筑→检测调整→安装龙骨（骨架）→检测调整→安装面板→检测调整→安装边框（封板）→检测调整→打磨、清洁。

技术要点：木坐凳的制作与木平台基本相同。木坐凳的体量较小，与坐凳基础没有连接固定，可在场外加工完毕，然后搬到场内安放即可。木坐凳制作的难点在于坐凳边框（封板）为 45° 或 67.5° 斜拼，对于斜切的精准度要求较高，需要两名选手配合完成。另外，如果是采用木立柱做支柱，木龙骨与木立柱的连接处用 7cm 或 8cm 的螺钉较难固定，要用电钻在木龙骨上打螺钉的位置先打眼，然后再进行钉接，这样木龙骨与木立柱才能结合稳固。面板缝隙可用小块木片或木竹片进行卡口固定，以确保缝隙均匀。木坐凳完成后要检测、调整，最后打磨、清理干净。

长方形木坐凳制作图片展示：

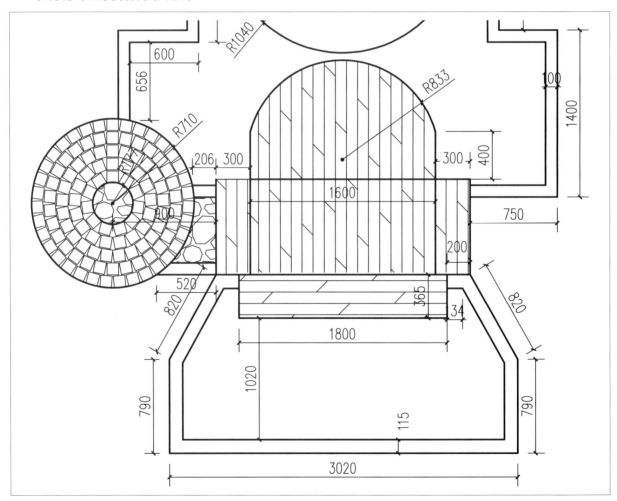

▲ 2020 年国赛"园林景观施工"赛项试题（四）平面尺寸图（局部）

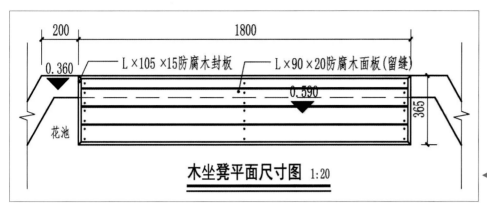

木坐凳平面尺寸图 1:20

◀ 2020 年国赛试题（四）
木坐凳平面尺寸图

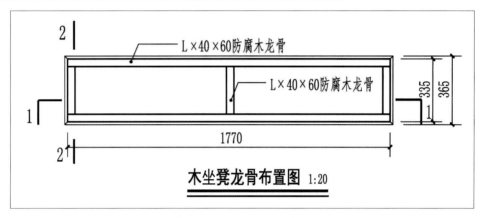

木坐凳龙骨布置图 1:20

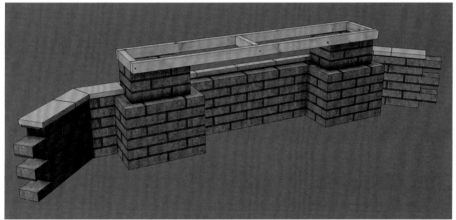

▲ 2020 年国赛试题（四）长方形木坐凳龙骨布置模型–1

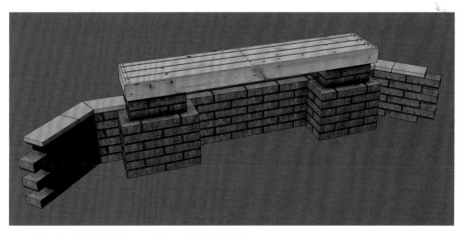

▲ 2020 年国赛试题（四）长方形木坐凳整体模型–1

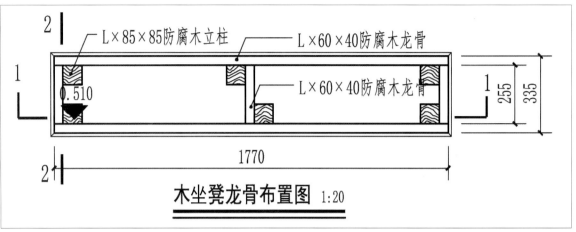

木坐凳龙骨布置图 1:20

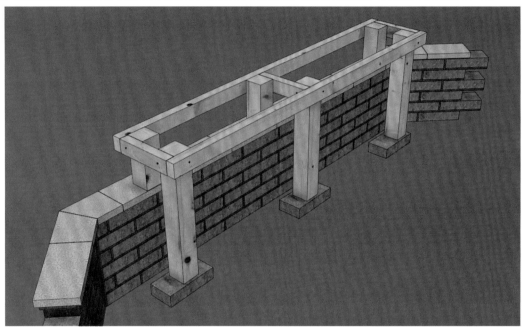

▲ 2020 年国赛试题(四)长方形木坐凳龙骨模型－2

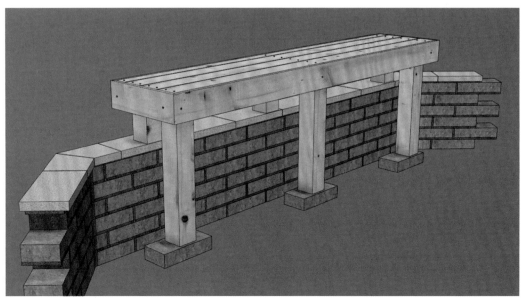

▲ 2020 年国赛试题(四)长方形木坐凳整体模型－2

▲ 2020 年国赛试题（四）长方形木坐凳赛前训练作品 −1

▲ 2020 年国赛试题（四）长方形木坐凳赛前训练作品 −2

▲ 2020 年国赛试题（四）长方形木坐凳赛前训练作品 −3

直角形木坐凳制作图片展示：

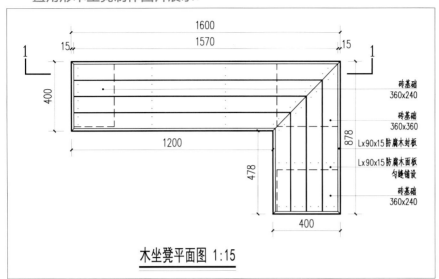

木坐凳平面图 1:15

▲ 2022 年国赛试题（五）木坐凳平面尺寸图

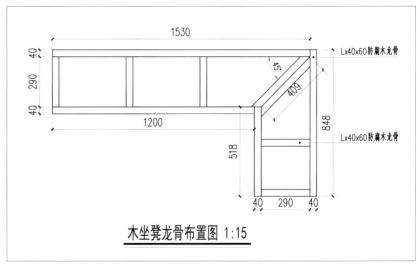

木坐凳龙骨布置图 1:15

► 2022 年国赛试题（五）木坐凳龙骨布置图

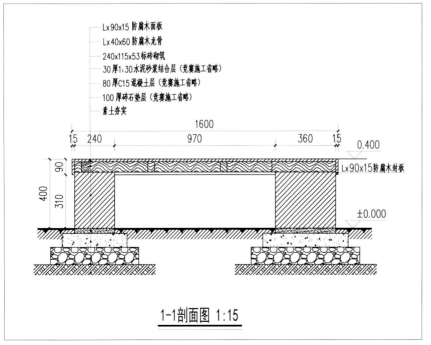

1-1剖面图 1:15

◄ 2022 年国赛试题（五）木坐凳剖面图

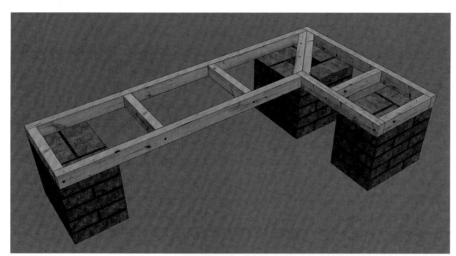

◀ 2022 年国赛试题（五）
木龙骨与砖墩模型

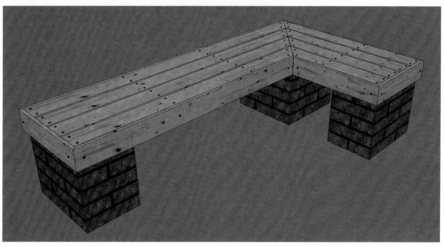

▶ 2022 年国赛试题（五）
木坐凳整体模型

▲ 2022 年国赛试题（五）
木坐凳赛前训练作品

▶ 2022 年国赛试题（五）
木坐凳赛前训练作品
（砖墩）

折角形木坐凳制作图片展示:

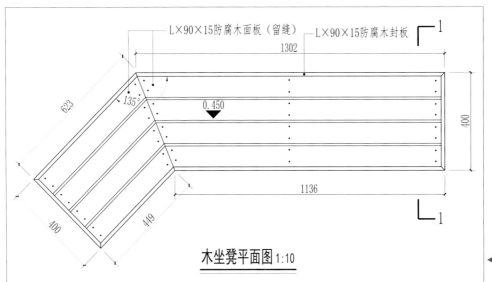

木坐凳平面图 1:10

◀ 2022 年国赛试题(十)
木坐凳平面尺寸图

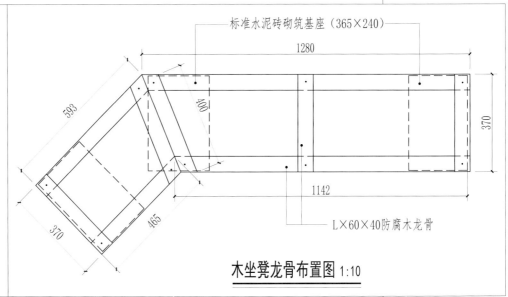

木坐凳龙骨布置图 1:10

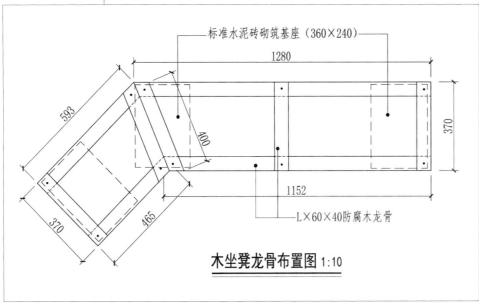

木坐凳龙骨布置图 1:10

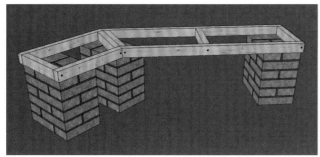

▲ 2022 年国赛试题(十)折角形木坐凳龙骨布置
　与砖墩模型－1

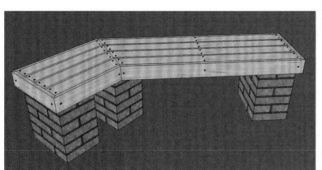

▲ 2022 年国赛试题(十)折角形木坐凳整体模型－1

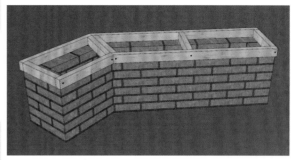

▲ 2022 年国赛试题(十)折角形木坐凳龙骨布置
　与砖墩模型－2

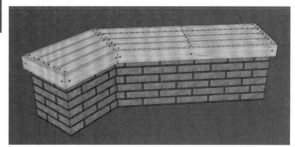

▲ 2022 年国赛试题(十)折角形木坐凳整体模型－2

▲ 2022 年国赛试题(十)木坐凳比赛
　作品－1

▲ 2022 年国赛试题(十)木坐凳比赛作品－2

弧形木坐凳制作图片展示：

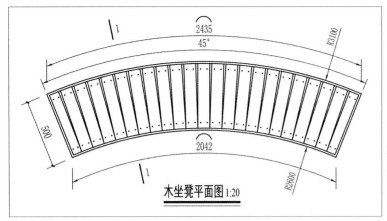

▲ 2022年国赛试题（七）木坐凳平面尺寸图

弧形木坐凳制作

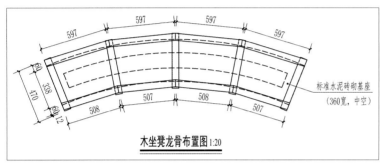

▲ 2022年国赛试题（七）木坐凳龙骨布置图

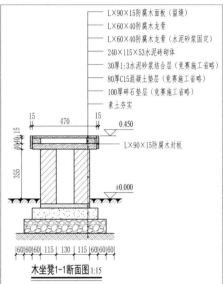

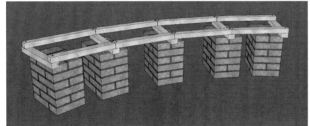

▲ 2022年国赛试题（七）弧形木坐凳龙骨布置
与砖墩模型−1

▲ 2022年国赛试题（七）弧形木坐凳龙骨布置
与砖墩模型−2

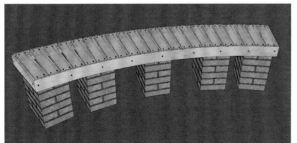

▲ 2022年国赛试题（七）弧形木坐凳整体模型−1

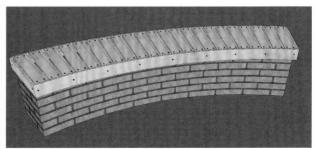

▲ 2022年国赛试题（七）弧形木坐凳整体模型−2

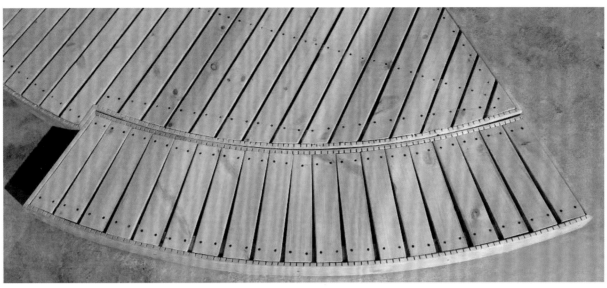

▲ 2022 年浙江省赛试题（一）弧形木坐凳赛前训练作品

木坐凳评分标准（各年略有差异，以当年评分标准为准）：

木坐凳 4 分：M（测量）2 分 + J（评判）2 分			
M	尺寸 1	容差 ± 0~2mm，0.5； ±>2~4mm，0.25；> 4mm，0	0.5 分
M	尺寸 2	容差 ± 0~2mm，0.5； ±>2~4mm，0.25；> 4mm，0	0.5 分
M	高度	容差 ± 0~2mm，0.5； ±>2~4mm，0.25；> 4mm，0	0.5 分
M	凳面水平	水平尺气泡在两侧边线之内	0.5 分
J	封板倒角		0.5 分
J	面板的缝隙均匀		1 分
		大部分木板间的缝隙不均匀	0~0.2 分
		50% 的木板间的缝隙均匀一致	0.3~0.5 分
		超过 50% 的木板间的缝隙均匀一致	0.6~0.8 分
		所有木板间的缝隙都均匀一致	0.9~1.0 分
J	凳面切割面全部打磨		0.5 分
		切割面打磨未超过 50%	0~0.1 分
		切割面 60%~70% 打磨过	0.2~0.3 分
		切割面 70%~85% 打磨过	0.4 分
		切割面超过 85% 打磨过	0.5 分

5.3.3 绿植墙制作工艺与技术要点

2020 年中华人民共和国第一届职业技能大赛暨世界技能大赛全国选拔赛的五套练习题中皆有"立体绿植墙"这个项目，并且绿植墙的体量大、施工难度大。2022 年的国赛再次要求制作绿植墙，还规定了样式，需按图施工。

施工流程:准备材料、工具→测量、标记→木材（立柱、龙骨、面板）切割→安装立柱与龙骨（骨架）→检测调整→安装面板→检测调整→面板（弧形）切割→检测调整→切口打磨→安装绿植袋→搬到图示位置、安装固定→安放草本花卉→浇水养护。

技术要点: 绿植墙的制作与木平台基本相同。因为绿植墙与其他项目没有连接，可在场外制作完毕，然后搬到场内安装固定。绿植墙制作的难点在于面板的弧形切割，其需用曲线锯。另外，绿植墙的背面采用木立柱做支柱，木龙骨与木立柱的连接处用 7cm 或 8cm 的螺钉较难打穿，可用电钻在木龙骨上打螺钉的位置先打眼，然后再进行钉接。面板缝隙可用小块木片或木竹片进行卡口固定，以确保缝隙均匀。绿植墙完成后要进行检测、调整,安装时要保证两侧面板垂直、上方面板水平。在往绿植袋里安放草本花卉时，要考虑花色的搭配，以提高整体的美观度。

立体绿植墙(一)设计与施工图片展示:

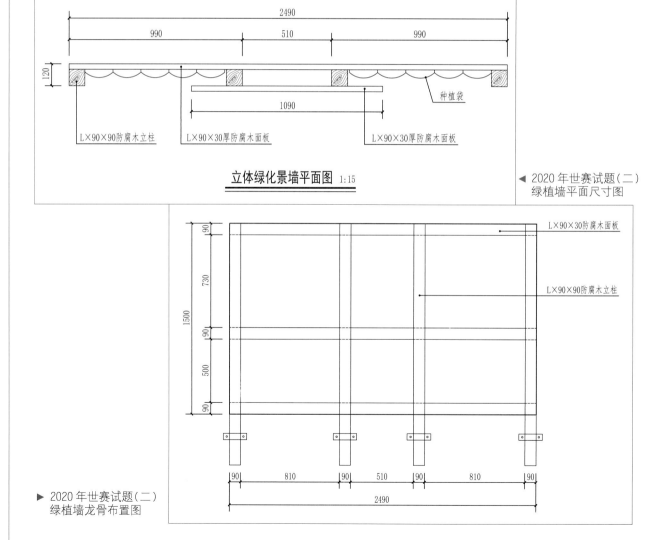

立体绿化景墙平面图 1:15

◀ 2020 年世赛试题（二）绿植墙平面尺寸图

▶ 2020 年世赛试题（二）绿植墙龙骨布置图

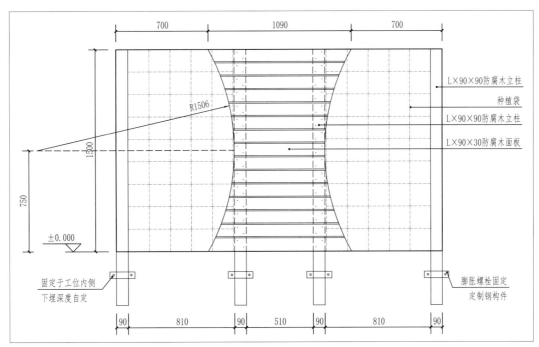

L×90×90防腐木立柱
种植袋
L×90×90防腐木立柱
L×90×30防腐木面板

固定于工位内侧
下埋深度自定

膨胀螺栓固定
定制钢构件

绿植墙制作
（2020年世赛）

▲ 绿植袋（展开）一平方米36口袋　　▲ 绿植袋（悬挂前）把多余的剪掉

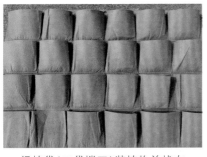

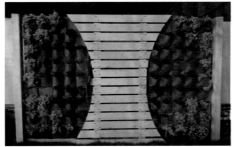

▲ 绿植袋（口袋撑开）装植物前状态　　▲ 2020年世赛试题（二）绿植墙　▲ 2020年世赛试题（二）绿植墙
　　　　　　　　　　　　　　　　　　　　设计模型　　　　　　　　　　　赛前训练作品

立体绿植墙（二）设计与施工图片展示：

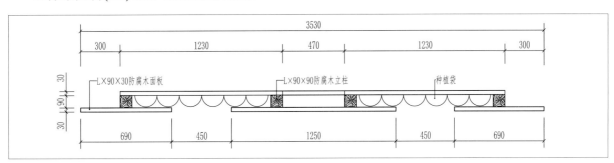

L×90×30防腐木面板　　　　　　　L×90×90防腐木立柱　　　　种植袋

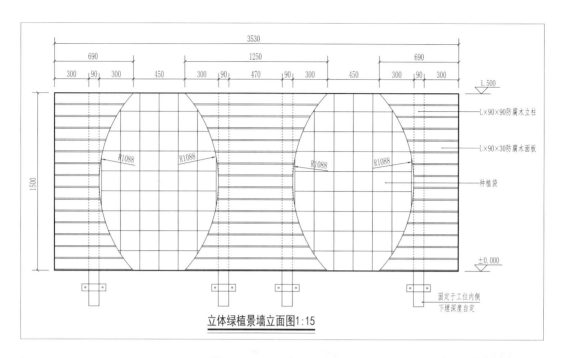

立体绿植景墙立面图1:15

◀ 2020年世赛试题（三）绿植墙赛前训练作品

立体绿植墙（三）设计与施工图片展示：

▲ 2022年国赛绿植墙底板施工作品

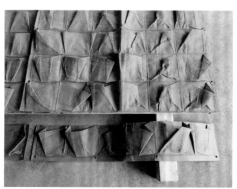

▲ 2022年国赛绿植墙种植袋铺设

▲ 2022年国赛绿植墙赛前训练作品-1

▲ 2022 年国赛绿植墙赛前　　　▲ 2022 年国赛绿植墙赛前　　　▲ 2022 年国赛绿植墙赛前
　训练作品-2　　　　　　　　　　训练作品-3　　　　　　　　　　训练作品-4

立体绿植墙(四)设计与施工图片展示:

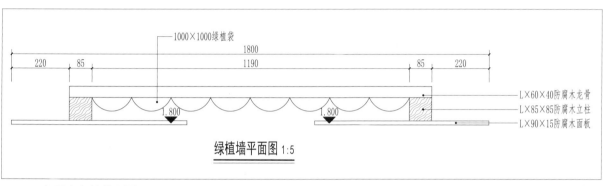

绿植墙平面图 1:5

▲ 2022 年国赛绿植墙平面图

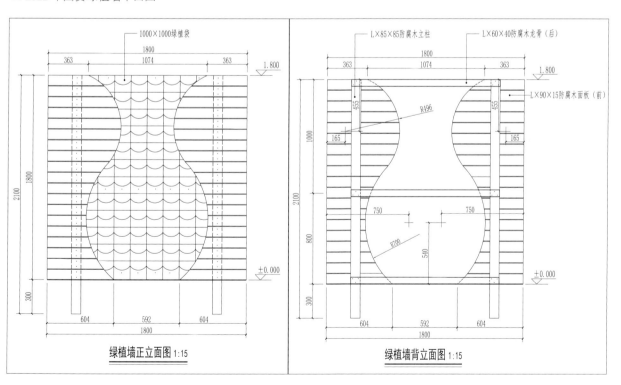

绿植墙正立面图 1:15　　　　　　　　　绿植墙背立面图 1:15

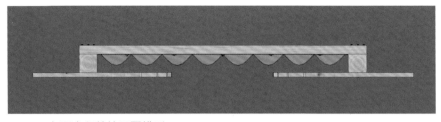

▲ 2022 年国赛绿植墙平面模型

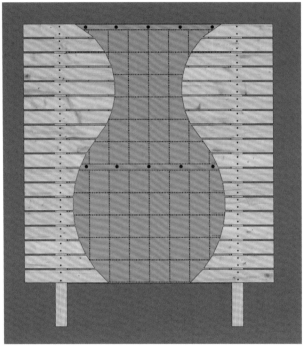

▲ 2022 年国赛绿植墙正立面模型（规定样式）

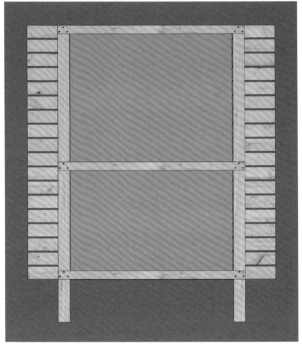

▲ 2022 年国赛绿植墙背立面模型（自行设计）

▲ 2022 年国赛绿植墙赛前训练作品（背立面）

▲ 2022 年国赛绿植墙赛前训练作品（正立面）

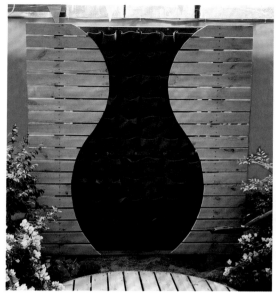

▲ 2022 年国赛绿植墙赛前训练作品（正面效果）　　▲ 2022 年国赛绿植墙赛前训练作品（正面效果）

立体绿植墙(五)设计与施工图片展示：

▲ 2022 年浙江省赛绿植墙作品 -1　　▲ 2022 年浙江省赛绿植墙作品 -2

▲ 2022 年浙江省赛绿植墙作品 -3　　▲ 2022 年浙江省赛绿植墙作品 -4

木作绿墙评分标准（各年略有差异，以当年评分标准为准）：

木作绿墙 6.5 分：M（测量）3.5 分 + J（评判）3 分			
M	尺寸 1		0.5 分
M	尺寸 2		0.5 分
M	高度		0.5 分
M	水平	气泡未出线为是，出线为否	1 分
M	垂直度	气泡未出线为是，出线为否	1 分
J	面板的缝隙均匀		1 分
		大部分木板间的缝隙不均匀	0~0.2 分
		50% 的木板间的缝隙均匀一致	0.3~0.5 分
		超过 50% 的木板间的缝隙均匀一致	0.6~0.8 分
		所有木板间的缝隙都均匀一致	0.9~1.0 分
J	木板上的螺钉均位于一条直线上		1 分
		螺钉安装未经思考，杂乱无序	0~0.2 分
		大于 50% 的木板上的螺钉位于一条直线上	0.3~0.5 分
		所有木板上的螺钉位于一条直线上	0.6~0.8 分
		所有木板上的螺钉位于一条直线上且不高于木板表面	0.9~1.0 分
J	所有木板切割部分均打磨过		1 分
		切割面打磨未超过 50%	0~0.2 分
		60%~70% 切割面打磨过	0.3~0.5 分
		70%~85% 切割面打磨过	0.6~0.8 分
		超过 85% 的切割面打磨过	0.9~1.0 分

5.3.4 木作小品制作工艺与技术要点

2020—2022 年全国职业院校技能大赛（高职组）园艺赛项，要求参赛选手利用防腐木材（木立柱、木龙骨、木面板）的施工余料，按图施工或自行设计制作一个小品，作为小花园景观的一个亮点。

下面提供 2021 年国赛园艺赛项规定的木作小品和 2022 年国赛园艺赛项自创木作小品"工匠"的平面图、立面图、设计模型及训练作品，可供学习者参考学习。

施工流程:准备材料、工具→测量、标记→木材切割→小品组装→检测调整→切口打磨→搬到图示位置、安装固定。

技术要点: 木作小品的制作与其他木作相比，稍微简单一点；而且木作小品的体量小，且与其他项目没有连接，可在场外制作完毕，然后搬到场内安装固定。木作小品制作的难点在于龙骨榫卯结构角度的计算与切割,需用手持切割机或曲线锯进行切割，然后用木工凿加工。木作小品"工匠"安装时，要保证立柱垂直、上方龙骨水平。

2021 年（潍坊）国赛木作小品图片展示:

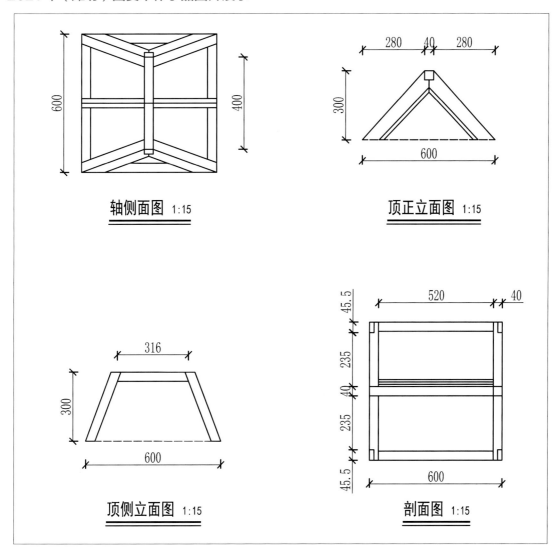

轴侧面图 1:15   顶正立面图 1:15

顶侧立面图 1:15   剖面图 1:15

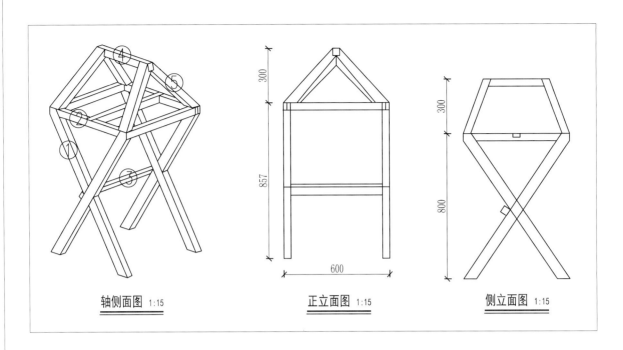

轴侧面图 1:15　　　　　正立面图 1:15　　　　　侧立面图 1:15

▲ 施工步骤-1

▲ 施工步骤-2

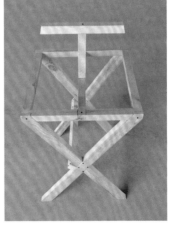

▲ 施工步骤-3

木作小品制作
（2021 年国赛）

▲ 施工步骤-4

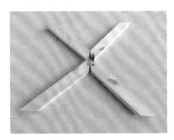

▲ 施工步骤-5

▲ 施工步骤-6

▲ 施工步骤-7

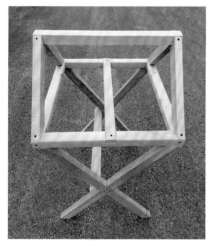
▲ 赛前训练作品

▲ 比赛作品-1

▲ 比赛作品-2

2022年木作小品"工匠"图片展示：

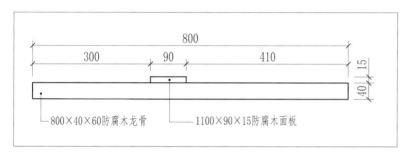

▲ 木作小品"工匠"-1 平面图

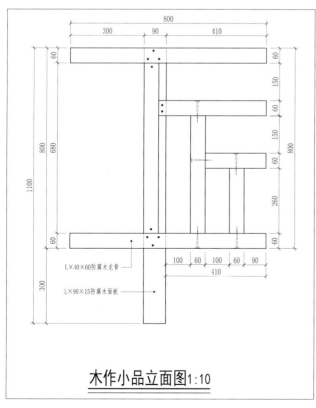

木作小品立面图 1:10

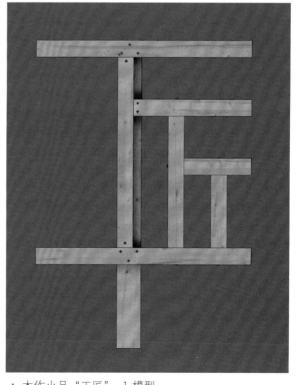

▲ 木作小品"工匠"-1 模型

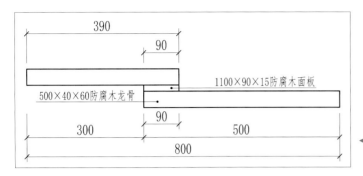

1100×90×15防腐木面板

500×40×60防腐木龙骨

◀ 木作小品"工匠"-2
平面图

木作小品工匠制作

▶ 木作小品"工匠"-2 模型（顶面）

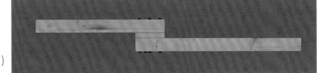

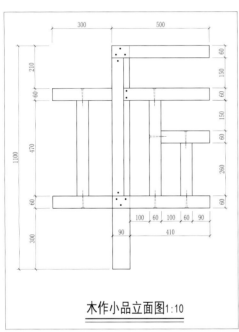

木作小品立面图1:10

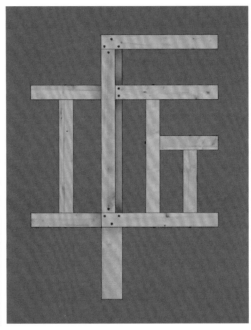

◀ 木作小品"工匠"
-2 模型（正面）

▲ 木作小品"工匠"-2 模型（背面）　　▲ 木作小品"工匠"-2 训练作品

其他木作小品图片展示：

▲ 其他木作小品 -1
（正方形木栅栏）

▲ 其他木作小品 -2
（五个正方形组合体）

▲ 其他木作小品 -3
（正方形花窗）

▲ 其他木作小品 -4
（空心正立方体）

▲ 其他木作小品 -5

▲ 其他木作小品 -6

▲ 其他木作小品 -7

▲ 其他木作小品 -8
（木制小水车）

▲ 2022 年国赛"绿植墙"
的中心部分，一物两用

木作小品评分标准（各年略有差异，以当年评分标准为准）：

木作小品 4 分：M（测量）3 分 + J（评判）1 分			
M	尺寸 1	容差 ± 0~2mm，1； ±>2~4mm，0.5；＞ 4mm，0	1 分
M	尺寸 2	容差 ± 0~2mm，1； ±>2~4mm，0.5；＞ 4mm，0	1 分
M	高度 1	容差 ± 0~2mm，0.5； ±>2~4mm，0.25；＞ 4mm，0	0.5 分
M	高度 2	容差 ± 0~2mm，0.5； ±>2~4mm，0.25；＞ 4mm，0	0.5 分
J	榫卯结构是否合理	是 / 否	0.5 分
J	切口是否打磨	是 / 否	0.5 分

5.4 水电安装与水景营造技术要点

园林景观水电安装与水景营造主要包括水池营造、水景布置、草坪灯安装等。其中水体的处理是园林赛项中的主要内容，也是训练的重点和难点，比如自然式水池的水岸线曲折有致、防水膜铺设严密、水池水位控制等。参赛选手需要掌握各类型水池的营造、水景的布置以及草坪灯安装的技术。

5.4.1 水池营造与水景布置技术要点

水池营造分为自然式水池和规则式水池。自然式水池比较简单，只要沿水岸线 30°～45° 斜坡开挖，把水池做成一个"平底锅形"即可；规则式水池则要用水泥砖砌筑水池边框，施工难度较大。

自然式水池施工流程：准备工具、材料→定位放样→水池开挖、夯实→铺设防水膜→水池边溢水管预埋→水池底安放小型潜水泵→铺设雨花石（或鹅卵石）→水池蓄水→修整、清洁。

自然式水池施工要点：①准备工具和材料。包括定位桩、白灰、卷尺、水平尺、水平仪、铁锹、防水膜、雨花石（或鹅卵石）、潜水泵、水管、卡箍等。②定位放样。根据图纸上几处水岸线的定位坐标，在场地内用定位桩定位；并根据图纸上水池的形状，用白灰将定位桩用曲线相连，形成曲折有致的水岸线。③水池开挖、夯实。根据放样线开挖水池，注意开挖坡度（30°～45°）、深度及水池边线形状，预留好"U"形沟，并对水池底部进行夯实。对于开挖水池的砂土要有明确的规划，通常用于花坛内填土或微地形营造堆坡，尽量避免砂土的"二次搬运"。④铺设防水膜。考虑到比赛场地及材料的可循环利用，在比赛中常用塑料薄膜替代防水膜。铺设防水膜时注意不要将塑料膜过分拉伸，并要将塑料膜四周固定于水池外围的"U"形沟内。⑤在水池边合适位置，预埋一根DN50PVC溢水管（管内底部高度低于地面 ±0.000 点 50mm）。⑥铺设雨花石（或鹅卵石）。防水膜固定好之后，均匀密铺雨花石（或鹅卵石），防水膜必须不可见，并对水池边线进行修整，水岸线自然流畅。⑦用场外水龙头和塑料软管给水池灌水，蓄水高度低于地面 ±0.000 点 50mm，并要把水面杂物清理干净。

自然式水池施工图片展示：

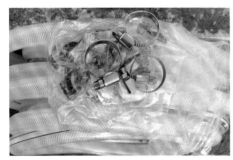

▲ 塑料软管、卡箍　　　　　　▲ 潜水泵与水管连接　　　　　　▲ 铺设塑料薄膜、潜水泵连接

▲ 铺设塑料薄膜、潜水泵连接　　▲ 铺设鹅卵石、蓄水　　　　　▲ 自然式水景整体效果

▲ 铺设鹅卵石

▲ 水景整体效果

▲ 出水槽出水效果

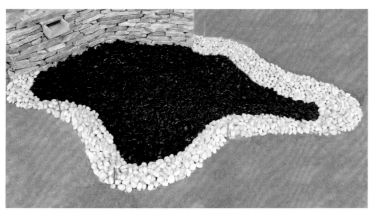

▲ 铺设鹅卵石（黑白二色）

▲ 自然式水池整体效果

▲ 铺设塑料薄膜、安放小型潜水泵

▲ 2019年5月（北京）国际邀请赛水景效果

▲ 2018年6月（广州）世赛选拔赛水景效果-1

▲ 2018年6月（广州）世赛选拔赛
水景效果-2

▲ 2020年12月（广州）世赛选拔赛水景效果

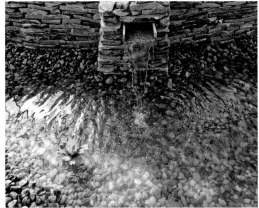

▲ 铺设鹅卵石之后的水景效果

自然式水景评分标准（各年略有差异，以当年评分标准为准）：

自然水景8分：M（测量）3分 + J（评判）5分			
M	水岸线离边界距离1	容差 ± 0~40mm，1； ±>40~60mm，0.5；>60mm，0	1分
M	水岸线离边界距离2	容差 ± 0~40mm，1； ±>40~60mm，0.5；>60mm，0	1分
M	溢水口标高	测量溢水管口下沿内壁高度，容差10mm	1分
J	水岸线自然流畅		1分
J	水面上没有垃圾		0.5分
J	防水膜安装正确，不漏水	第二天水位下降不超过50 mm	1分
J	潜水泵位置及安装合理		0.5分
J	水景中水能正常循环		0.5分
J	防水膜未露出地表		0.5分
J	水口水平，出水均匀		1分
		水流未布满出水口宽度的30%	0~0.2分
		水流布满出水口宽度的31%~60%	0.3~0.5分
		水流布满出水口宽度的61%以上，但未满	0.6~0.8分
		水流均匀布满水口	0.9~1.0分

注：M为测量项，J为评判项

规则式水池施工流程： 准备工具、材料→定位放样→水池开挖、夯实→铺设防水膜→水池边框砌砖→水池边溢水管预埋→水池底安放小型潜水泵→铺设雨花石（或鹅卵石）→水池蓄水→修整、清洁。

规则式水池施工要点： 可参考自然式水池的施工要点，主要区别在于规则式水池需要用水泥砖砌筑水池边框。

水景的评分项大多为评判分，主要考核内容有：水面上没有垃圾，防水膜安装正确，防水膜未露出地表、不漏水，水景中水能正常循环，小型潜水泵埋设在雨花石（或鹅卵石）下不可见，水流均匀布满水口，驳岸线曲折自然等。因此，参赛选手在日常训练中应多学习园林理论知识，学会鉴赏中外园林水体形态、造型，培养园林审美观。

规则式水池施工图片展示：

▲ 2019 年 3 月（成都）国际邀请赛作品

▲ 2020 年 11 月（潍坊）国赛比赛作品

▲ 先铺设塑料薄膜然后砌砖-1

▲ 先铺设塑料薄膜然后砌砖-2

▲ 先铺设塑料薄膜然后埋设溢水管

▲ 2020 年 12 月河南省赛比赛作品

▲ 2021 年广东省赛赛前训练作品

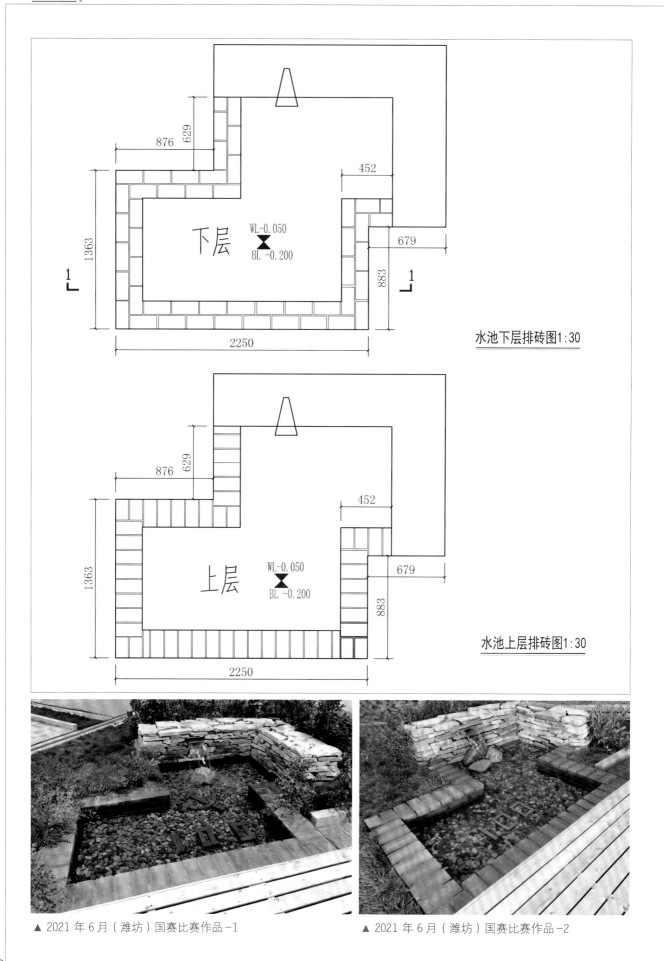

水池下层排砖图1:30

水池上层排砖图1:30

▲ 2021 年 6 月（潍坊）国赛比赛作品－1

▲ 2021 年 6 月（潍坊）国赛比赛作品－2

▲ 2021 年 6 月（潍坊）国赛比赛作品 -3

▲ 2021 年 6 月（潍坊）国赛比赛作品
（塑料薄膜未完全盖住）

规则式水景评分标准（各年略有差异，以当年评分标准为准）：

规则式水景 8 分：M（测量）4.5 分 + J（评判）3.5 分			
M	水池砌砖尺寸 1	容差 ± 0~2mm，1； ±>2~4mm，0.5；> 4mm，0	1 分
M	水池砌砖尺寸 2	容差 ± 0~2mm，1； ±>2~4mm，0.5；> 4mm，0	1 分
M	水池砌砖高度 1	容差 ± 0~2mm，1； ±>2~4mm，0.5；> 4mm，0	1 分
M	水池砌砖高度 2	容差 ± 0~2mm，1； ±>2~4mm，0.5；> 4mm，0	1 分
M	溢水口标高	测量溢水管口下沿内壁高度，容差 10mm	0.5 分
J	水面上没有垃圾		0.5 分
J	防水膜安装正确，不漏水	第二天水位下降不超过 50 mm	0.5 分
J	潜水泵位置及安装合理		0.5 分
J	水景中水能正常循环		0.5 分
J	防水膜未露出地表		0.5 分
J	水口水平，出水均匀		1 分
		水流未布满出水口宽度的 30%	0~0.2 分
		水流布满出水口宽度的 31%~60%	0.3~0.5 分
		水流布满出水口宽度的 61% 以上，但未满	0.6~0.8 分
		水流均匀布满水口	0.9~1.0 分

注：M 为测量项，J 为评判项

5.4.2 草坪灯安装技术要点

2017—2019 年国赛"园林景观设计与施工赛项"皆有草坪灯安装这项内容，要求参赛选手掌握一定的电力知识以及必要的安全意识，能够进行穿线管弯曲、穿电线、接电线、接插头等施工操作。

草坪灯安装施工流程： 准备工具、材料→定位放线→穿线管沟槽开挖→埋设穿线管→草坪灯基座砌筑→摆放草坪灯→穿电线→接电线→接插头→连接电源（接线板）→草坪灯亮（满足照明要求）。

草坪灯安装技术要点： ①穿线管沟槽开挖，一般要求深度为 20cm 左右。 ②穿线管转弯处需要对穿线管进行弯曲，通常用钢丝弹簧伸入穿线管内，然后慢慢弯曲，以保证不折断穿线管。 ③在穿线管内穿越电线时，需要用细的铁丝绑住电线头，然后慢慢牵引出穿线管。 ④草坪灯接电线时，一定要用电工专用绝缘胶带固定，千万不可漏电。 ⑤接插头时，电线和插头片一定要密接稳固。 ⑥接通电源，草坪灯亮起之后，给植物浇水时不可喷到接线板，以免水导电发生断电或其他安全事故。

草坪灯安装图片展示：

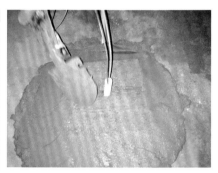

▲ DN20 PVC 穿线管弯曲　　　▲ DN20PVC 穿线管埋设　　　▲ 草坪灯基座砌砖

▲ 草坪灯安放固定　　　▲ DN20PVC 穿线管埋设　　　▲ 草坪灯安放固定

▲ 草坪灯与插头电线连接　　　▲ 草坪灯插头安装－1　　　▲ 草坪灯插头安装－2

▲ DN20 PVC 穿线管连接电源

草坪灯安装成品图片展示：

草坪灯安装评分标准（各年略有差异，以当年评分标准为准）：

草坪灯安装2分：J（评判）2分			
J	穿线管预埋合理	要求埋设深度20cm左右	0.5分
J	草坪灯基座砌筑	要求用水泥砖砂浆砌筑	0.5分
J	草坪灯稳定、垂直	要求灯柱垂直	0.5分
J	草坪灯亮	符合照明要求	0.5分

5.5 园林景观植物种植技术要点

园林造景中，植物种植是最后也是最重要的工作，就像给人"穿衣"，最能体现景观的风格和特色。所以要求参赛选手了解、掌握植物品种及植物生物学特性，熟知植物配置的基本原则（高中低搭配、常绿落叶搭配、不同色彩搭配以及植物组团配置等），具备关于植物种植、整形修剪、浇水养护等基本知识和技能，能够熟练地进行植物配置与种植，最终呈现一个完美的小花园景观。

植物种植流程：准备工具、材料→微地形营造→测量、定位→种植两株定位植物→种植其他植物→铺设草皮→整形修剪→清理场内杂物→打扫卫生→全面喷水→草皮拍实。

定位植物种植流程：测量、定位→挖种植穴→拆除包装、适当修剪→放入种植穴内→测量两个坐标值→回填部分种植土→浇定根水→全面覆土固土→再次浇水。

定位植物种植技术要点：①准备工具、材料：植物、卷尺、铁锹、橡皮锤、洒水壶等。②测量标记、定位。根据图纸尺寸，以基准点为准测量横坐标和纵坐标，用定位桩定位。③挖种植穴。根据植物土球大小挖种植穴，拆掉植物外包装或标签，必要时对植物进行适当修剪。④种植、回填、浇水。脱去植物种植盆，可借助橡皮锤轻轻敲击盆四周，以保证土球完整。土球放入种植穴后，用卷尺测量树干中心两个坐标值，然后回填一部分土壤，浇适量的定根水。⑤回填所有土壤，以保证植物边缘土壤紧实。⑥种植完成后再浇一次水。

其他小灌木或花卉种植的流程，可参照定位植物种植的流程，免去测量坐标、浇定根水这两个流程即可。

草坪种植前需先对地形进行整理，要求坪床密实、表面平整、坡度均匀，草皮之间不搭接重叠、不漏缝，草皮铺设整齐、紧实，并用铁锹适当拍实。

植物种植评判的基本规定：符合行业标准，植物布局合理，层次分明，过渡自然，植物垂直并适度修剪，植物最具美感的面朝向花园入口等。以往的园林比赛中，植物种植部分都有明确、详细的设计施工图，但近年的园林比赛对植物布局、配置并没有过于详尽的要求，除少数主干明显的植物（两株定位植物）必须在指定位置外，其余植物的配置、组合、朝向等全由选手现场规划布局、自由搭配。因此，要求参赛选手具有较高专业素养和施工经验，并且更加注重选手的创意发挥。

隔根板埋置图片展示：

▲ 隔根板埋置（训练场景）

▲ 隔根板埋置（比赛作品）

定位植物种植图片展示：

▲ 步骤 1：测量横坐标

▲ 步骤 2：测量纵坐标

▲ 步骤 3：确定树干中心点

▲ 步骤 4：种植穴开挖

▲ 步骤 5：复测树干中心横坐标

▲ 步骤 6：复测树干中心纵坐标

▲ 步骤 7：种植土回填、浇定根水

▲ 步骤 8：全面覆土固定

▲ 其他定位植物-1

▲ 其他定位植物-3

▲ 其他定位植物-2

▲ 定位植物测量-1

▲ 其他定位植物-4

▲ 定位植物测量-3

▲ 定位植物测量-2

▲ 定位植物细节问题（未解除包装物）

其他植物种植图片展示：

▲ 植物配置训练场景

▲ 学生训练作品-1

▲ 学生训练作品-2

▲ 学生训练作品-3

▲ 学生训练作品-4

▲ 学生训练作品-5

▲ 学生训练作品-6

▲ 学生训练作品-7

▲ 学生训练作品-8

▲ 学生训练作品-9

▲ 钢板花池植物配置

◀ 学生训练作品-10

草皮铺设图片展示：

▲ 铺草皮之前，用齿耙耙松土壤-1

▲ 用齿耙耙松土壤-2

▲ 铺设草皮-1

▲ 铺设草皮-2

▲ 草皮铺设完成，全面喷水

▲ 用工具压实草皮　　　　　▲ 草皮铺设整体效果-1　　　　▲ 草皮铺设整体效果-2

植物配置作品图片展示:

▲ 2019年5月(北京)中国造园技能大赛国际邀请赛作品

▲ 2020年12月(广州)世赛比赛作品　　　　　▲ 实际工程植物配置-1

▲ 实际工程植物配置-2　　　　　▲ 实际工程植物配置-3

植物种植评分标准（各年略有差异，以当年评分标准为准）：

植物种植 8 分：M（测量）4 分 + J（评判）4 分			
M	定位植物 1	容差 ± 0~20mm，0.5； ±>20~30mm，0.25；> 30mm，0	0.5 分
M		容差 ± 0~20mm，0.5； ±>20~30mm，0.25；> 30mm，0	0.5 分
M	定位植物 2	容差 ± 0~20mm，0.5； ±>20~30mm，0.25；> 30mm，0	0.5 分
M		容差 ± 0~20mm，0.5； ±>20~30mm，0.25；> 30mm，0	0.5 分
M	提供的植物（草皮除外）全部被使用		1 分
M	植物全部从容器中取出或除去土球包裹及标签		1 分
J	种植技术		1 分
		不符合行业标准，栽种深度不合适，种植过程中未分层捣实、浇定根水，包扎物及标签没有去除。	0~0.2 分
		符合行业标准，栽种深度合适	0.3~0.5 分
		符合行业标准，植物垂直并适度修剪	0.6~0.8 分
		符合行业标准，植物垂直并适度修剪，植物最具美感的面朝向花园入口	0.9~1.0 分
J	绿地的植物布局		1 分
		植被布置很随机，没有层次感	0~0.3 分
		植物布置有一定的层次感	0.3~0.6 分
		植物布置有层次感，各层次过渡比较自然	0.6~0.8 分
		植物布局合理，层次分明，过渡自然	0.8~1 分
J	草皮铺设		2 分
		坪床不密实，表面不平整	0~0.5 分
		坪床密实，表面平整	0.6~1.0 分
		坪床密实，表面平整且坡度均匀	1.1~1.5 分
		坪床密实，表面平整且坡度均匀，草皮铺设整齐，不漏缝，不重叠	1.6~2.0 分

注：M为测量项，J为评判项

06 历年国赛"园林景观设计与施工"赛项作品展示

自 2017 年起,全国职业院校技能大赛"园林景观设计与施工"赛项增加了施工比赛。

2017 年的国赛由江苏农林职业技术学院承办,比赛的方式为设计+施工,设计与施工的内容都是统一命题。参加设计比赛的两名选手按照命题,在 3.5 小时内完成一个 2000m² 的庭院景观设计;参加施工比赛的两名选手则按图施工,在 10.5 小时内完成一个 4m×5m 的小花园景观施工。

2018 年和 2019 年的国赛由(陕西)杨凌职业技术学院承办,比赛的方式也是设计+施工。但与 2017 年的国赛不同,设计与施工的内容没有统一命题,只是规定了小花园的面积和施工的材料。两名参加设计比赛的选手在 4 小时内完成一套施工图设计,然后两名参加施工比赛的选手按照本团队设计的施工图,在 12 小时内完成 5m×6m 的小花园景观施工。

2020 年和 2021 年的国赛由(山东)潍坊职业学院承办,比赛的方式与世界技能大赛接轨,无设计比赛,只有施工比赛。参加施工比赛的二名选手按图施工,在 22 小时内完成一个 7m×7m 的小花园景观施工。

2022 年的国赛由河南农业职业学院承办,比赛的方式又恢复为设计+施工。与 2017 年的国赛相似,设计与施工的内容统一命题,但比赛的难度加大了,设计比赛和施工比赛只由两名选手完成。两名参赛选手既要在 3 小时内完成一套施工图设计,又要按照自己画的施工图,在 21 小时内完成 7m×7m 的小花园景观施工。

下面以图片方式分别展示 2017 年至 2022 年国赛的部分作品,图片的排序是随机的(未按获奖名次排序,特此说明)。感谢各参赛院校提供的珍贵的施工比赛作品,为全国职业院校园林技术、园艺技术等相关专业学生提供了丰富的参考学习资料。

6.1 2017 年国赛"园林景观设计与施工"赛项施工作品展示

2017 年的国赛由江苏农林职业技术学院承办,施工位的面积为 20m²,施工比赛时间为 10.5 小时。由于是统一命题,按图施工,施工比赛作品大同小异(只有景墙各有创意),所以只选用了 6 个获奖作品,特此说明。

2017 年国赛(江苏农林职业技术学院)比赛场地

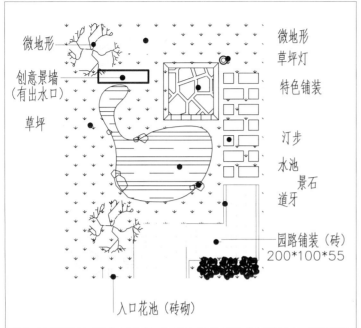

微地形

创意景墙
（有出水口）

草坪

微地形
草坪灯

特色铺装

汀步

水池
景石
道牙

园路铺装（砖）
200*100*55

入口花池（砖砌）

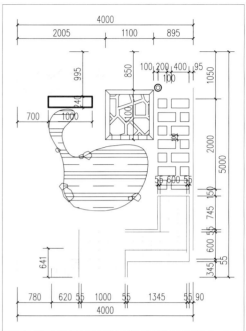

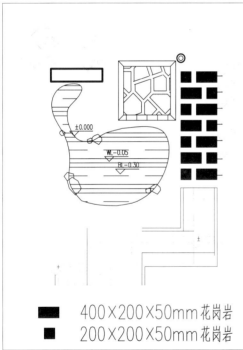

±0.000

WL-0.05

BL-0.30

▉ 400×200×50mm 花岗岩
▪ 200×200×50mm 花岗岩

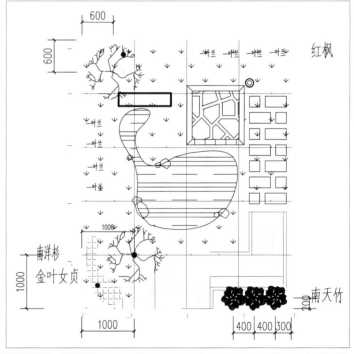

红枫

南洋杉
金叶女贞

南天竹

6.2 2018 年国赛"园林景观设计与施工"赛项施工作品展示

2018 年的国赛由（陕西）杨凌职业技术学院承办，施工位的面积为 $30m^2$，施工比赛时间为 12 小时。由于不是统一命题，各参赛队的设计可自由发挥，创意颇多，施工比赛作品差异较大，所以选用了比较多的获奖作品，供读者参考学习。

2018 年国赛（杨凌职业技术学院）比赛场地

6.3 2019 年国赛"园林景观设计与施工"赛项施工作品展示

2019 年的国赛再次由（陕西）杨凌职业技术学院承办，施工位的面积为 30m²，施工比赛时间为 12 小时。由于不是统一命题，各参赛队的设计可自由发挥，创意颇多，施工比赛作品差异较大，所以选用了比较多的获奖作品，供读者参考学习。

6.4 2020 年国赛"园林景观施工"赛项优秀作品展示

2020 年的国赛由（山东）潍坊职业学院承办，施工位的面积为 $49m^2$，施工比赛时间为 22 小时。由于是统一命题，按图施工，施工比赛作品大同小异（只有植物配置和小品各有特色），所以只选用了几个获奖作品，特此说明。

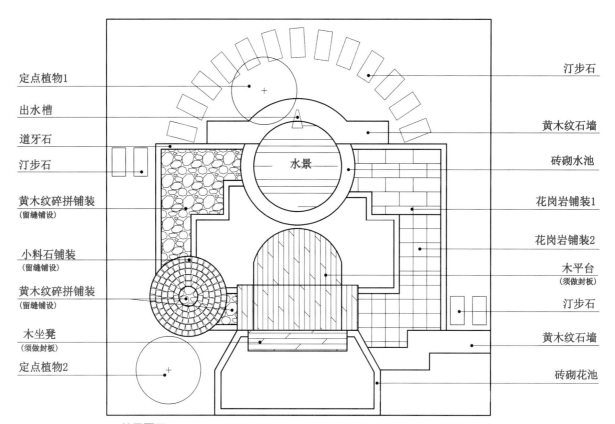

定点植物1
出水槽
道牙石
汀步石

黄木纹碎拼铺装
（留缝铺设）

小料石铺装
（留缝铺设）

黄木纹碎拼铺装
（留缝铺设）

木坐凳
（须做封板）

定点植物2

汀步石

黄木纹石墙

砖砌水池

花岗岩铺装1

花岗岩铺装2

木平台
（须做封板）

汀步石

黄木纹石墙

砖砌花池

水景

▲ 总平面图

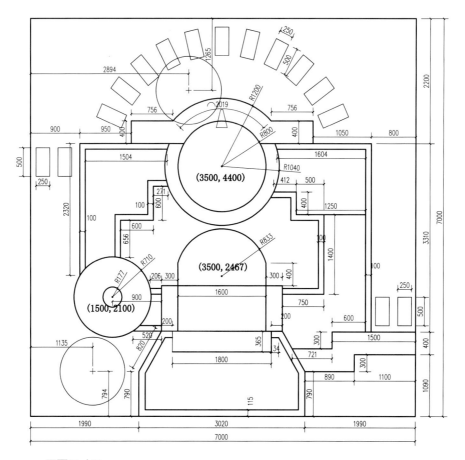

▲ 平面尺寸图

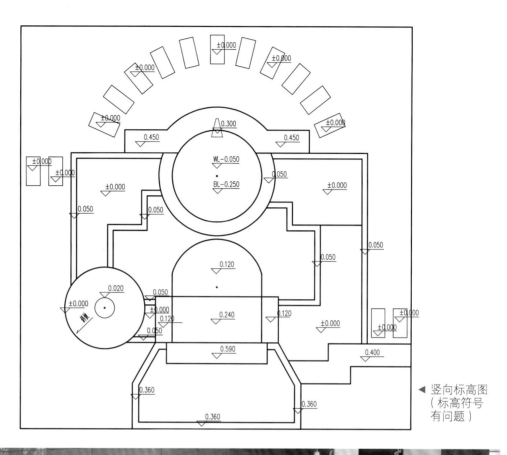

◀ 竖向标高图
（标高符号
有问题）

6.5 2021年国赛"园林景观施工"赛项优秀作品展示

2021年的国赛再次由（山东）潍坊职业学院承办，施工位的面积为49m²，施工比赛时间为22小时。由于是统一命题，按图施工，施工比赛作品大同小异（只有植物配置和小品各有特色），所以只选用了几个获奖作品，特此说明。

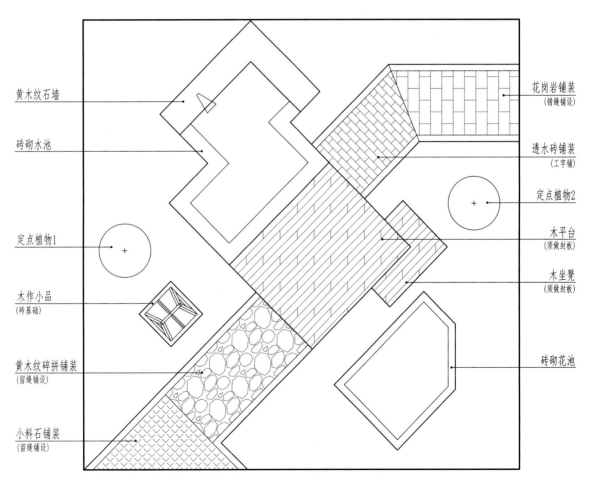

黄木纹石墙

砖砌水池

定点植物1

木作小品
（砖基础）

黄木纹碎拼铺装
（留缝铺设）

小料石铺装
（留缝铺设）

花岗岩铺装
（错缝铺设）

透水砖铺装
（工字铺）

定点植物2

木平台
（须做封板）

木坐凳
（须做封板）

砖砌花池

总平面图 1:30

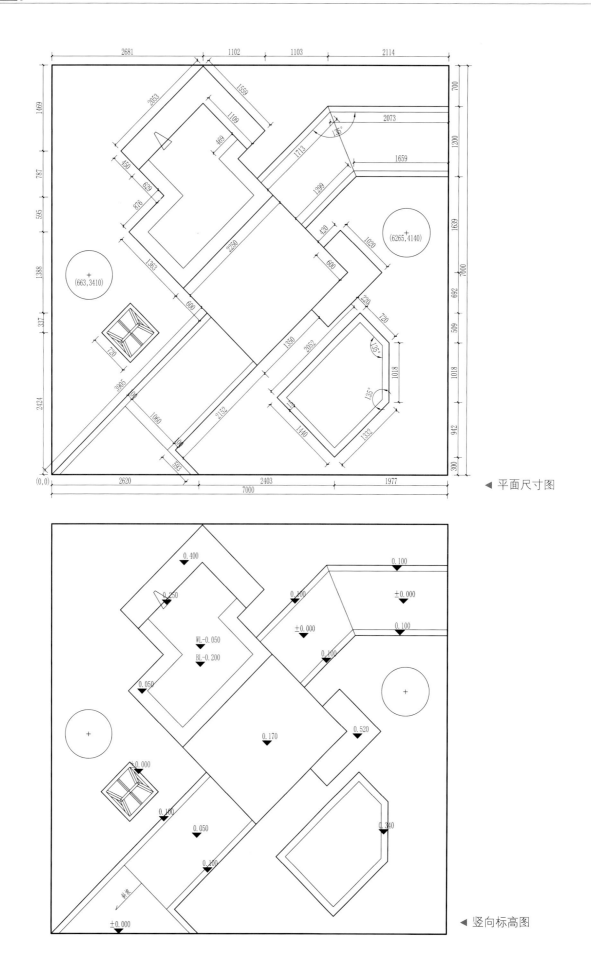

◀ 平面尺寸图

◀ 竖向标高图

▲ 2021 年国赛"园林景观施工"赛项试题（二）彩色效果图（由河南农业职业学院陶良如提供）

▲ 2021 年国赛，恰逢建党 100 周年，故小品设计多以此为主题

6.6 2022 年国赛"园林景观设计与施工"赛项施工作品展示

2022 年的国赛由河南农业职业学院承办，施工位的面积为 49m²，施工比赛时间为 21 小时。由于是统一命题，按图施工，施工比赛作品大同小异（只有植物配置和小品各有特色），所以只选用了几个获奖作品，特此说明。

2022 年国赛（河南农业职业学院）比赛场地

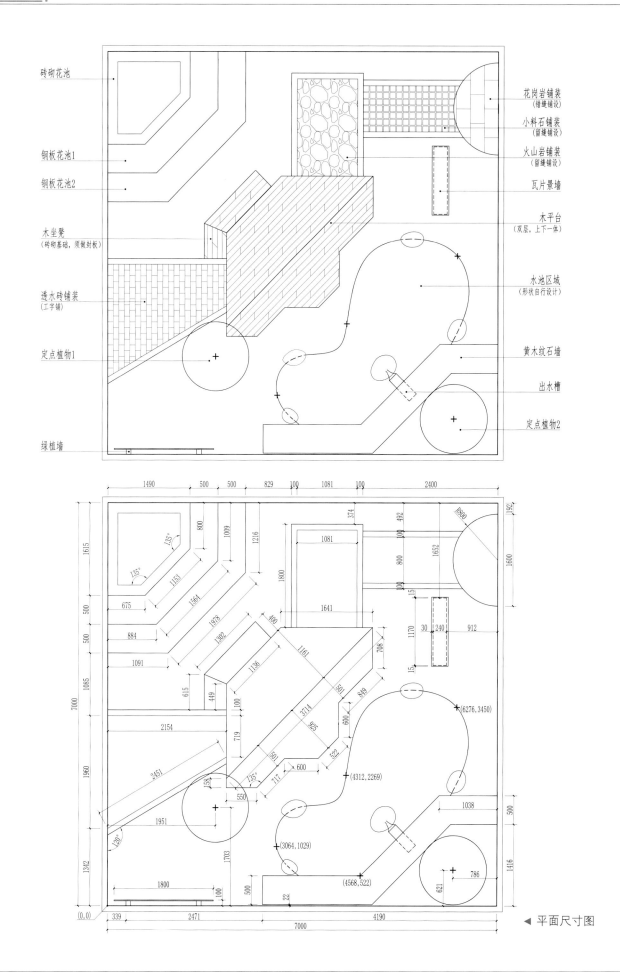

砖砌花池

花岗岩铺装
(错缝铺设)

钢板花池1

小料石铺装
(留缝铺设)

钢板花池2

火山岩铺装
(留缝铺设)

瓦片景墙

木坐凳
(砖砌基础,须做封板)

木平台
(双层,上下一体)

透水砖铺装
(工字铺)

水池区域
(形状自行设计)

定点植物1

黄木纹石墙

出水槽

定点植物2

绿植墙

◄ 平面尺寸图

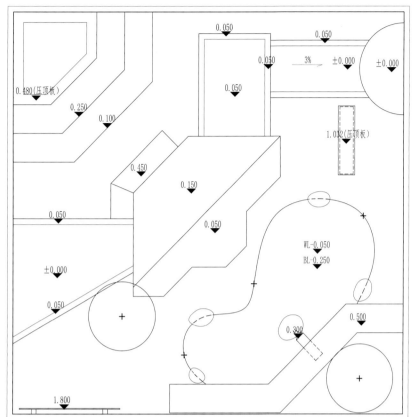

▲ 竖向标高图

▲ 2022 年国赛，恰逢党的二十大召开，故小品设计多以此为主题

6.7 2023 年国赛"园林景观设计与施工"赛项施工作品展示

  2023 年的国赛由上海农林职业技术学院承办，施工位的面积为 $30m^2$，施工比赛时间为 12 小时。由于是统一命题，按图施工，施工比赛作品大同小异（只有创意景墙、绿植墙、植物配置各有特色），所以只选用了几个获奖作品，特此说明。

▲ 2023 年国赛（上海农林职业技术学院）比赛场地

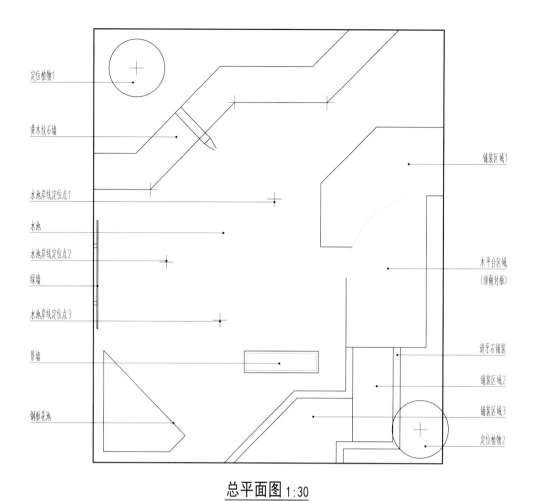

定位植物1

黄木纹石墙

水池岸线定位点1

水池

水池岸线定位点2

绿墙

水池岸线定位点3

景墙

钢板花池

铺装区域1

木平台区域
（须做封板）

道牙石铺装

铺装区域2

铺装区域3

定位植物2

总平面图 1:30

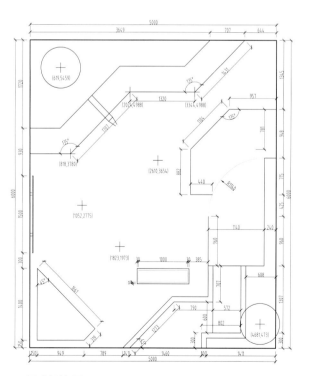

▲ 尺寸标注图

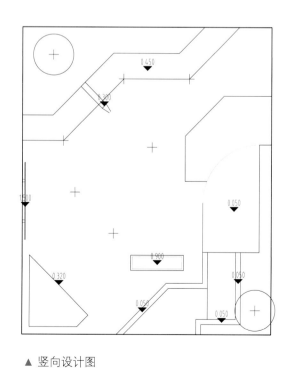

▲ 竖向设计图

注：2023年国赛"园林景观设计与施工"赛项赛前练习试题（6）施工图

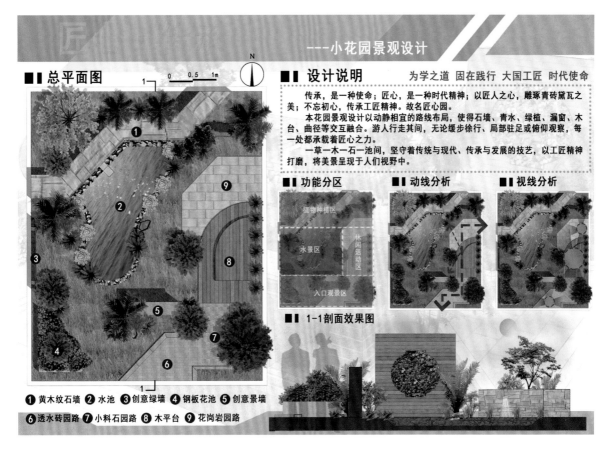

---小花园景观设计

■■ 总平面图

0 0.5 1m

N

① 黄木纹石墙 ② 水池 ③ 创意绿墙 ④ 钢板花池 ⑤ 创意景墙
⑥ 透水砖园路 ⑦ 小料石园路 ⑧ 木平台 ⑨ 花岗岩园路

■■ 设计说明

为学之道 固在践行 大国工匠 时代使命

传承，是一种使命；匠心，是一种时代精神；以匠人之心，雕琢青砖黛瓦之美；不忘初心，传承工匠精神。故名匠心园。

本花园景观设计以动静相宜的路线布局，使得石墙、青水、绿植、漏窗、木台、曲径等交互融合。游人行走其间，无论缓步徐行、局部驻足或俯仰观察，每一处都承载着匠心之力。

一草一木一石一池间，坚守着传统与现代、传承与发展的技艺，以工匠精神打磨，将美景呈现于人们视野中。

■■ 功能分区

植物种植区

水景区

休闲活动区

入口观景区

■■ 动线分析

■■ 视线分析

■■ 1-1剖面效果图

■■ 鸟瞰图

匠心

局部效果图 ■■

青瓦堆叠 草木生辉

传承

■■ 用地指标分析

木作3m²
占比10%

水池2.8m²
占比9.3%

建筑与小品3.2m²
占比11%

铺装4m²
占比13.3%

绿地17m²
占比56.4%

■■ 立面效果图

▲ 此页设计图由唐山职业技术学院提供

▲ 2023 年国赛"园林景观设计与施工"赛项部分比赛作品

07 附 录

2022年国赛"园艺"赛项（本书自定为"园林景观设计与施工"赛项）规程的内容多且详实，既有明确的竞赛规则，又有详细的评分标准。在本书"01 园林景观设计与施工赛项概况"和"02 园林景观施工图设计"部分，已经选用了规程里的部分内容。

为便于读者更全面地了解和掌握国赛"园林景观设计与施工"赛项的内容，编者再摘录规程里一些比较重要的事项，以附录的形式供读者参考学习。

附录1 2022年国赛"园林景观设计与施工"赛项规程摘要

一、参赛报名与组队

2022年国赛"园林景观设计与施工"赛项的参赛队数量，每个省（区、市）限报两队。各省（区、市）教育行政部门通常选送省（区、市）赛选拔前两名的院校，也有不举办选拔赛而择优直接报送的。

（一）报名资格

1.参赛选手须为高等职业学校专科、高等职业学校本科全日制在籍学生。五年制高职学生报名参赛的，四、五年级学生参加高职组比赛。参赛选手应为园林技术、园林工程技术、风景园林设计、环境艺术设计等相关专业。

2.凡在往届全国职业院校技能大赛园艺赛项中获一等奖的选手，不能再参加本项目比赛。

3.省（区、市）内选拔、名额分配和参赛师生资格审查工作由省（区、市）级教育行政部门负责。大赛执委会办公室行使对参赛人员资格进行抽查的权利。

（二）组队要求

1.比赛以团队方式进行，每组参赛学生2名；不得跨校组队，同一院校报名参赛队只可报1组；参赛选手以PDF格式上报后不得更换。

2.每参赛队限报2名指导教师，指导教师须为本校专兼职教师。

二、竞赛流程与规则

竞赛流程（竞赛内容和时间）每年略有不同，竞赛规则每年基本相同。

（一）竞赛流程

1.所有参赛队在规定时间内同时进行比赛。

2.设计比赛时间：3小时。

3.施工比赛时间：21小时。

（二）竞赛规则

1.参赛选手必须持本人身份证与参赛证参加比赛。

2.参赛选手和指导教师报名获得确认后不得随意更换。若比赛前参赛选手和指导教师因故无法参赛，须由省（区、市）级教育行政部门于本赛项开赛10个工作日之前出具书面说明，经大赛执委会办公室核实后予以更换。竞赛开始后，参赛队不得更换参赛队员，允许队员缺席比赛。

3.参赛选手出场顺序、位置、比赛所用工具等均由抽签决定，不得擅自变更、调整。

4.参赛选手需提前15分钟检录进入赛场，并按照抽签的工位号参加比赛。迟到15分钟者，取消比赛资格；比赛开始15分钟后，选手方可离开赛场。

5.选手进入赛场后须检查比赛工具、设备和材料是否齐全，如有疑问及时向裁判询问。

6.选手在比赛过程中不得擅自离开赛场，如有特殊情况，需经裁判同意。选手若需休息或去洗手间等，耗用时间计算在比赛时间内。

7.比赛在规定时间结束时，参赛选手应立即停止操作，不得以任何理由拖延比赛时间。选手操作完成后，在由主办方提供的"实际操作现场记录表"上签名确认，方可离开赛场。

三、竞赛须知

竞赛须知的内容较多，包括参赛队须知、指导教师须知、参赛选手须知、工作人员须知。

（一）参赛队须知

1.参赛队名称统一使用规定的地区代表队名称，不使用其他组织或团体名称。

2.参赛队员在报名获得审核确认后，原则上不再更换；若筹备过程中，队员因故不能参赛，需由所在省（市、区）教育主管部门出具书面说明并按相关规定补充人员并接受审核；竞赛开始后，参赛队不得更换参赛队员，允许队员缺席比赛。

3.参赛队按照大赛赛程安排，凭大赛组委会颁发的参赛证和有效身份证件参加比赛及相关活动。

（二）指导教师须知

1.各参赛队要发扬良好道德风尚，听从指挥，服从裁判，不弄虚作假。若发现弄虚作假者，取消参赛资格，名次无效。

2.各参赛队领队要坚决执行竞赛的各项规定，加强对参赛人员的管理，做好赛前准备工作，督促参赛选手带好证件等竞赛相关材料。

3.竞赛过程中，除参加当场次竞赛的选手、执行裁判员、现场工作人员和经批准的人员外，领队、指导教师及其他人员一律不得进入竞赛区域。

4.若参赛队对竞赛过程有异议，在规定的时间内由领队向赛项仲裁工作组提出书面申诉报告。

5.对申诉的仲裁结果，领队要带头服从和执行，并做好参赛选手的思想工作。参赛选手不得因申诉或对处理意见不服而停止竞赛，否则以弃权处理。

6.指导老师应及时查看大赛专用网页有关赛项的通知和内容，认真研究和掌握本赛项竞赛的规程、技术规范和赛场要求，指导参赛选手做好赛前的一切技术准备和竞赛准备。

（三）参赛选手须知

1.参赛选手应认真学习领会"园林景观设计与施工"赛项相关文件，自觉遵守大赛纪律，服从指挥，听从安排，文明参赛。

2.参赛选手必须持本人身份证和参赛证参加操作技能竞赛。

3.参赛选手出场顺序、位置由抽签决定，不得擅自变更、调整。

4.参赛选手需提前15分钟检录进场，按照抽签工位号参加比赛。迟到15分钟以上者取消比赛资格，开赛15分钟后选手方可离开赛场。

5.参赛选手作品中不得出现任何暗示参赛院校或选手身份的标记，否则取消比赛资格。

6.选手在比赛过程中不得擅自离开赛场，如有特殊情况，须经工作人员同意；若同组选手同时离开赛场视为放弃比赛。

7.比赛一旦结束，参赛选手均应立即停止操作，不得以任何理由拖延比赛时间。

（四）工作人员须知

1.大赛全体工作人员必须服从组委会统一指挥，认真履行职责，做好各项比赛服务工作。

2.全体工作人员要按分工准时到岗，尽心尽职做好分内各项工作，保证比赛顺利进行。

3.认真检查、核准证件，非参赛选手不准进入赛场。同时要安排好领队、指导教师到观摩厅观摩或休息。

4.若比赛出现技术问题（包括设备、器材等）时，应及时联系技术负责人妥善处理；若需重新比赛，须得到组委会同意后方可进行。

5.若遇突发事件，要及时向组委会报告，同时做好疏导工作，避免发生重大事故，确保大赛圆满成功。

6.要认真组织好参赛选手的赛前准备工作，遇有重大问题应及时与组委会联系，协商解决办法。

7.各项比赛的技术负责人，一定要坚守岗位，要对比赛技术操作的全过程负责。

8.工作人员不得在赛场内接打电话，负责现场管理的工作人员在比赛期间一律关闭手机。

四、赛场安全与保障

赛场安全与保障的内容，主要包括赛场环境、电源保障、医疗保障、生活条件、应急处理等。

（一）赛场环境

1.承办单位应按照大赛执委会要求，在赛前组织专人对比赛现场、住宿场所和交通保障进行考察，及时排除安全隐患。赛场的布置，赛场内的器材与设备，应符合国家有关安全规定。如有必要，也可进行赛场仿真模拟测试，以发现可能出现的问题。

2.赛场周围要设立警戒线，防止无关人员进入而发生意外事件。赛场设置警戒线及联网的监控体系，可对赛场进行 24 小时监控。比赛现场内，应参照相关职业岗位的要求，为选手提供必要的劳动保护。在具有危险性的操作环节，裁判员要严防选手出现错误操作。

3.承办单位应提供保证应急预案实施的条件。对于比赛内容涉及高空作业、可能有坠物、大用电量、易发生火灾等情况的赛项，必须明确制度和预案，并配备急救人员与设施。

4.承办单位须在赛场管理的关键岗位增加力量，建立安全管理日志，并应制定开放赛场和体验区的人员疏导方案。赛场环境中存在人员密集、车流人流交错的区域，除了设置齐全的指示标志外，须增加引导人员，并开辟备用通道。

5.参赛选手进入赛场、赛事裁判工作人员进入工作场所，严禁携带通信、照相摄录设备，禁止携带记录用具。若确有需要，由赛场统一配置、统一管理。赛场可根据需要，配置安检设备，对进入赛场重要部位的人员进行安检。

（二）赛场电源保障

1.承办单位应事先协调当地供电部门，保证竞赛期间的正常供电；并配备应急发电机组，以保证赛场的正常供电。

2.若竞赛过程中赛场出现设备断电、故障等意外时，现场裁判需及时确认情况，安排技术人员进行处理。现场裁判登记详细情况，填写补时登记表，报裁判长批准后，可安排延长补足相应的比赛时间。

（三）赛场医疗保障

1.120急救车和供电车场馆外等候。

2.赛场内设置医疗救护区，竞赛期间配备专业医务人员和设备，做好医疗应急准备。

3.赛场内预留安全疏散通道，配备完备的消防等应急处理设施，张贴安全操作及健康要求方面的告示以及现场紧急疏散指示图，赛场安排专人负责现场紧急疏导工作。

4.若比赛期间发生大规模意外事故和安全问题，发现者应第一时间报告赛项执委会。赛项执委会应采取中止比赛、快速疏散人群等措施避免事态扩大，并第一时间报告赛区执委会。赛项出现重大安全问题可以停赛，是否停赛由赛区执委会决定。事后，赛区执委会应向大赛执委会报告详细情况。

（四）生活条件

1.比赛期间，原则上由执委会统一安排参赛选手和指导教师的食宿。承办单位需尊重少数民族的信仰及文化，根据国家相关的民族政策，安排好少数民族选手和教师的饮食起居。

2.比赛期间安排的住宿地应具有宾馆/住宿经营许可资质。以学校宿舍作为住宿地的，大赛期间的住宿、卫生、饮食安全等由执委会和提供宿舍的学校共同负责。

3.大赛期间组织参观和观摩活动的交通安全由执委会负责。执委会和承办单位须保证比赛期间参赛选手、指导教师和裁判员、工作人员的交通安全。

4.各赛项的安全管理，除了可以采取必要的安全隔离措施外，应严格遵守国家相关法律法规，保护个人隐私和人身自由。

（五）组队责任

1.各院校组织参赛队时，须安排为参赛选手购买大赛期间的人身意外伤害保险。

2.各院校参赛队组成后，须制定相关管理制度，并对所有参赛选手、指导教师进行安全教育。

3.各参赛队须加强对参加比赛人员的安全管理，实现与赛场安全管理的对接。

（六）应急处理

若比赛期间发生意外事故，发现者应第一时间报告执委会，同时采取措施避免事态扩大。执委会应立即启动预案予以解决，并及时报告组委会。赛项出现重大安全问题可以停赛，是否停赛由执委会决定。事后，执委会应向组委会报告详细情况。

（七）处罚措施

1.若参赛队存在重大安全事故隐患，经赛场工作人员提示、警告无效的，可取消其继续比赛的资格。因参赛队原因造成重大安全事故的，取消其获奖资格。

2.赛事工作人员违规的，按照相应的制度追究责任。情节恶劣并造成重大安全事故的，由司法机关追究相应法律责任。

五、竞赛观摩、竞赛直播与资源转化

（一）竞赛观摩

赛场内设定观摩区域，向媒体、企业代表、院校师生等社会公众开放，不允许有大声喧哗等影响参赛选手竞赛的行为发生。指导教师不能进入赛场内指导，但可以在观摩厅观看监控视频。赛场外设立展览展示区域，设专人接待讲解。为保证大赛顺利进行，在观摩期间应遵循以下规则：

1.除与竞赛直接有关工作人员、裁判员、参赛选手外，其余人员均为观摩观众。

2.不得在选手准备或比赛中交谈或欢呼，不得对选手打手势，包括哑语沟通等明示、暗示行为，禁止鼓掌喝彩等发出声音的行为。

3.不得在观摩场地内使用手机、相机、摄影机等一切对比赛正常进行造成干扰的带有闪光灯及快门音的设备。

4.遵守全国职业院校技能大赛规定的各项纪律，站在规定的观摩席或安全线以外观看比赛，并听从赛场内工作人员和竞赛裁判人员的指挥，不得有围攻裁判员、参赛选手或其他工作人员的行为。

5.保持赛场清洁，将饮料食品包装、烟头及其他杂物扔进垃圾箱。

6.观摩期间，严重违纪者除本人被逐出观摩赛场外，还将视情况严重程度，对所在参赛队选手的成绩进行扣分直至取消比赛资格。

7.若对裁判裁决产生质疑的，请通过各参赛队领队向赛项仲裁组提出，不得在比赛现场发言。

（二）竞赛直播

1.赛场内部署无盲点录像设备，能实时录制并播送赛场情况。

2.赛场外有大屏幕或投影，同步显示赛场内竞赛状况。

3.若条件允许，可以进行网上直播。

4.多机位拍摄开幕式、闭幕式实况，制作优秀选手采访、优秀指导教师采访、裁判专家点评和企业人士采访视频资料，突出赛项的技能重点与优势特色，为宣传、资源转化提供全面的信息资料。

（三）资源转化

按计划完成相关资源转化。制作园艺赛项视频，包括庭院施工图设计要求、施工的方法要点和具体步骤等。制定大赛设施与设备利用方案，邀请裁判和赛项规程制定专家阐述赛项设计的整体思路与命题依据、竞赛的难度设定、考核关键点和分配原则等。对优秀选手和优秀指导教师进行采访，介绍竞赛的总体认识、实训过程中的任务分工、具体措施、协调安排等内容。

附录2 2022年国赛"园林景观设计与施工"赛项施工部分评分标准

项目	J 评判 M 测量	评分内容	评 分 标 准	参考分	标准值	测量值	得分
A			工作流程（评判6分）：每半天评判1次，取平均分				
	J1	工作区域整洁度		1分			
			工具到处散落，工作区域杂乱无序	0~0.2分			
			使用必需的材料和工具，边角料没有使用	0.3~0.5分			
			使用必需的材料和工具，利用了边角料（废料）	0.6~0.8分			
			操作过程中使用必需材料和工具并摆放整齐，所有边角料都使用	0.9~1.0分			
	J2	施工组织是否科学		1分			
			参赛选手操作过程毫无秩序（没有条理）	0~0.2分			
			操作过程有一定的逻辑秩序	0.3~0.5分			
			有选择性地操作，目标显而易见，部分步骤有逻辑性	0.6~0.8分			
			操作过程逻辑性强，步骤清晰，未出现无故停顿现象	0.9~1.0分			
	J3	团队合作		1分			
			团队合作不充分	0~0.2分			
			团队成员能相互协作	0.3~0.5分			
			每个成员完成自己负责的部分，团队成员能相互协作	0.6~0.8分			
			团队成员分工明确，能够很好地完成各自负责的部分，协作默契	0.9~1.0分			
	J4	工具、设备与材料使用		1分			
			工具和设备使用不专业，未按图纸的要求使用材料，材料加工及安装不符合规范	0~0.2分			
			工具和设备使用正确，按图纸的要求使用材料，材料加工及安装基本符合规范	0.3~0.5分			
			工具和设备使用正确、熟练，材料与图纸规定相一致，材料加工及安装符合规范	0.6~0.8分			
			工具和设备使用非常专业，材料与图纸规定完全一致，材料加工及安装非常专业	0.9~1.0分			
	J5	工效		1分			
			操作不符合人体工程学，安装、搬运方式不正确，存在跑、跳、投掷物品行为，导致受伤	0~0.2分			
			操作基本符合人体工程学	0.3~0.5分			

注：J是Judgement的首字母，评判的意思；M是Measurement的首字母，测量的意思。

项目	J 评判 M 测量	评分内容	评 分 标 准	参考分	标准值	测量值	得分
			操作符合人体工程学，注意力集中	0.6~0.8 分			
			操作准确无误，灵活应对，注意力集中，无跳跃、奔跑、忙乱的行为	0.9~1.0 分			
	J6	健康与安全	职业健康防护到位，操作安全规范	1 分	是 / 否		
	花池砌筑（11 分 = 测量 9 分 + 评判 2 分）						
	M1	花池墙体尺寸 1	容差 ± 0~2mm，1； ±>2~4mm，0.5；> 4mm，0	1 分			
	M2	花池墙体尺寸 2	容差 ± 0~2mm，1； ±>2~4mm，0.5；> 4mm，0	1 分			
	M3	花池盖板尺寸 1	容差 ± 0~2mm，1； ±>2~4mm，0.5；> 4mm，0	1 分			
	M4	花池盖板尺寸 2	容差 ± 0~2mm，1； ±>2~4mm，0.5；> 4mm，0	1 分			
	M5	花池盖板完成面高度 1	容差 ± 0~2mm，1； ±>2~4mm，0.5；> 4mm，0	1 分			
	M6	花池盖板完成面高度 2	容差 ± 0~2mm，1； ±>2~4mm，0.5；> 4mm，0	1 分			
	M7	压顶板外沿在一条直线上	2mm 以内为"是"	0.5 分	是 / 否		
	M8	压顶板水平	水平尺气泡居于两侧边线之内为是，出线为否	0.5 分	是 / 否		
	M9	压顶板缝隙	容差 ± 0~2mm，0.5； > 2mm，发现一条缝隙超过容许误差，则为 0 分	0.5 分			
B1	M10	花池基础经过了开挖、夯实等流程		0.5 分	是 / 否		
	M11	错缝砌筑且灰缝比较均匀		0.5 分	是 / 否		
	M12	无游丁走缝		0.5 分	是 / 否		
	J7	墙体外观		1 分			
			灰缝不明显，墙面污染面积达 50%	0~0.2 分			
			灰缝明显，墙面污染面积达 25%~50%	0.3~0.5 分			
			平缝水平，丁缝竖直，墙面污染面积不到 25%	0.6~0.8 分			
			平缝水平，丁缝竖直，灰缝填浆饱满，墙面无污染	0.9~1.0 分			
	J8	压顶板外观		1 分			
			对于面板中的拼接部分，有超过 50% 的角或边使用了小于 1/3 面板长度的材料	0~0.2 分			
			对于面板中的拼接部分，有 25%~50% 的角或边使用了小于 1/3 面板长度的材料	0.3~0.5 分			

续表

项目	J 评判 M 测量	评分内容	评 分 标 准	参考分	标准值	测量值	得分
			对于面板中的拼接部分，有小于 25% 的角或边使用了小于 1/3 面板长度的材料	0.6~0.8 分			
			面板拼接部分没有使用小于 1/3 面板长的面板，面板平整美观	0.9~1.0 分			
B2		钢板种植池（测量 5 分）					
	M13	钢板尺寸 1	容差 ± 0~2mm，0.5； ±>2~4mm，0.25；> 4mm，0	0.5 分			
	M14	钢板尺寸 2	容差 ± 0~2mm，0.5； ±>2~4mm，0.25；> 4mm，0	0.5 分			
	M15	钢板尺寸 3	容差 ± 0~2mm，0.5； ±>2~4mm，0.25；> 4mm，0	0.5 分			
	M16	钢板高度 1	容差 ± 0~2mm，0.5； ±>2~4mm，0.25；> 4mm，0	0.5 分			
	M17	钢板高度 2	容差 ± 0~2mm，0.5； ±>2~4mm，0.25；> 4mm，0	0.5 分			
	M18	钢板水平	水平尺气泡居于两侧边线之内为是，出线为否	0.5 分	是 / 否		
	M19	钢板垂直度		0.5 分	是 / 否		
	M20	钢板间拼接缝隙	0~2mm 以内为是，超过 2mm 为否	0.5 分	是 / 否		
	M21	钢板一条线（2 条全测，一条未满足要求为否）	0~2mm 以内为是，超过 2mm 为否	0.5 分	是 / 否		
	M22	钢板是否打磨		0.5 分	是 / 否		
B3		景墙砌筑（7 分＝测量 6.5+评判 0.5）					
	M23	景墙尺寸 1	容差 ± 0~2mm，1； ±>2~4mm，0.5；> 4mm，0	1 分			
	M24	景墙尺寸 2	容差 ± 0~2mm，1； ±>2~4mm，0.5；> 4mm，0	1 分			
	M25	景墙高度 1	容差 ± 0~2mm，0.5； ±>2~4mm，0.25；> 4mm，0	0.5 分			
	M26	景墙高度 2	容差 ± 0~2mm，0.5； ±>2~4mm，0.25；> 4mm，0	0.5 分			
	M27	景墙垂直度 1		0.5 分	是 / 否		
	M28	景墙垂直度 2		0.5 分	是 / 否		
	M29	完成面水平		0.5 分	是 / 否		
	M30	基础经过了开挖、夯实等流程		0.5 分	是 / 否		
	M31	错缝砌筑且均匀		0.5 分	是 / 否		
	M32	无游丁走缝		0.5 分	是 / 否		
	M33	小筒瓦安装合理	稳固且美观	0.5 分	是 / 否		

项目	J 评判 M 测量	评分内容	评 分 标 准	参考分	标准值	测量值	得分
	J9	墙体外观		0.5 分			
			缝隙不明显，墙面污染面积达 50%	0~0.1 分			
			缝隙明显，墙面污染面积 25%~50%	0.2~0.3 分			
			平缝水平，丁缝竖直，墙面污染面积不到 25%	0.4 分			
			平缝水平，丁缝竖直，缝隙填浆饱满，墙面无污染	0.5 分			
C	水景（3.5 分＝测量 2.5 分＋评判 1 分）						
	M34	水面上没有垃圾		0.5 分	是 / 否		
	M35	防水膜安装正确，不漏水		0.5 分	是 / 否		
	M36	水景中水流能正常循环		0.5 分	是 / 否		
	M37	水泵安装及设置合理		0.5 分	是 / 否		
	M38	防水膜未露出地表		0.5 分	是 / 否		
	J10	出水口水平，出水均匀		1 分			
			水流未布满出水口宽度的 30%	0~0.2 分			
			水流布满出水口宽度的 31%~60%	0.3~0.5 分			
			水流布满出水口宽度的 61% 以上，但未布满	0.6~0.8 分			
			水流均匀且布满水口	0.9~1.0 分			
D	干垒石墙（10 分＝测量 8 分＋评判 2 分）						
	M39	石墙的高度 1	容差 ± 0~2mm，1； ±>2~4mm，0.5；> 4mm，0	1 分			
	M40	石墙的高度 2	容差 ± 0~2mm，1； ±>2~4mm，0.5；> 4mm，0	1 分			
	M41	石墙的高度 3	容差 ± 0~2mm，1； ±>2~4mm，0.5；> 4mm，0	1 分			
	M42	石墙的高度 4	容差 ± 0~2mm，1； ±>2~4mm，0.5；> 4mm，0	1 分			
	M43	出水口高度	容差 ± 0~2mm，1； ±>2~4mm，0.5；> 4mm，0	1 分			
	M44	墙体是否放坡（墙体下部稍大于上部，以保持稳定）		1 分	是 / 否		
	M45	石墙的基础经过了开挖、夯实、回填砂砾等流程	若基础下有防水垫，则回填砂砾层取消	0.5 分	是 / 否		
	M46	墙体宽度	完成面宽度不小于 400mm，墙体基础不小于 500mm	1 分	是 / 否		
	M47	横向搭接	完成面有不少于 4 块的横向连接	0.5 分	是 / 否		

续表

项目	J 评判 M 测量	评分内容	评 分 标 准	参考分	标准值	测量值	得分
	J11	错缝干垒		1分			
			错缝干垒，直缝（2 层黄木纹通缝视为一条直缝、接头重合部分小于 5 厘米视为直缝）数大于 5 条	0~0.2 分			
			错缝干垒，直缝数有 3~4 条	0.3~0.5 分			
			错缝干垒，直缝数 ≤ 2 条	0.6~0.8 分			
			全部错缝干垒	0.9~1.0 分			
	J12	墙体外观		1分			
			墙体不稳固，放坡不自然	0~0.2 分			
			墙体稳固，50% 的墙体面积外观整齐，放坡不自然	0.3~0.5 分			
			墙体稳固，超过 50% 的墙体外观整齐，放坡自然	0.6~0.8 分			
			墙体稳固、整齐美观，放坡自然	0.9~1.0 分			
E1	木坐凳（4 分＝测量 2.5 分＋评判 1.5 分）						
	M48	凳面尺寸 1	容 差 ± 0~2mm，0.5；±>2~4mm，0.25；> 4mm，0	0.5 分			
	M49	凳面尺寸 2	容 差 ± 0~2mm，0.5；±>2~4mm，0.25；> 4mm，0	0.5 分			
	M50	凳面高度	容 差 ± 0~2mm，0.5；±>2~4mm，0.25；> 4mm，0	0.5 分			
	M51	凳面水平	水平尺气泡居于两侧边线之内为是，出线为否	0.5 分	是 / 否		
	M52	封板倒角		0.5 分	是 / 否		
	J13	面板的缝隙均匀		1分			
			大部分木板间的缝隙不均匀	0~0.2 分			
			50% 木板间的缝隙均匀一致	0.3~0.5 分			
			超过 50% 木板间的缝隙均匀一致	0.6~0.8 分			
			所有木板间的缝隙都均匀一致	0.9~1.0 分			
	J14	凳面木板切割面全部打磨		0.5 分			
			切割面打磨未超过 50%	0~0.1 分			
			切割面 50%~70% 顶端打磨	0.2~0.3 分			
			切割面 70%~85% 顶端打磨	0.4 分			
			切割面超过 85% 顶端打磨	0.5 分			
E2	木平台（14.5 分＝测量 10.5 分＋评判 4 分）						
	M53	台面尺寸 1	容 差 ± 0~2mm，0.5；±>2~4mm，0.25；> 4mm，0	0.5 分			
	M54	台面尺寸 2	容 差 ± 0~2mm，0.5；±>2~4mm，0.25；> 4mm，0	0.5 分			
	M55	台面尺寸 3	容 差 ± 0~2mm，0.5；±>2~4mm，0.25；> 4mm，0	0.5 分			

项目	J 评判 M 测量	评分内容	评 分 标 准	参考分	标准值	测量值	得分
	M56	台面尺寸 4	容差 ± 0~2mm，0.5； ±>2~4mm，0.25；> 4mm，0	0.5 分			
	M57	台面尺寸 5	容差 ± 0~2mm，0.5； ±>2~4mm，0.25；> 4mm，0	0.5 分			
	M58	台面尺寸 6	容差 ± 0~2mm，0.5； ±>2~4mm，0.25；> 4mm，0	0.5 分			
	M59	台面高度 1	容差 ± 0~2mm，1； ±>2~4mm，0.5；> 4mm，0	1 分			
	M60	台面高度 2	容差 ± 0~2mm，1； ±>2~4mm，0.5；> 4mm，0	1 分			
	M61	台面高度 3	容差 ± 0~2mm，1； ±>2~4mm，0.5；> 4mm，0	1 分			
	M62	台面高度 4	容差 ± 0~2mm，1； ±>2~4mm，0.5；> 4mm，0	1 分			
	M63	封板倒角		1.5 分	是 / 否		
	M64	是否水平	水平尺气泡居于两侧边线之内为是，出线为否	1 分	是 / 否		
	M65	每个木立柱基础均经过了开挖、夯实、垫砖等流程		1 分	是 / 否		
	J15	面板的缝隙均匀		1 分			
			大部分木板间的缝隙不均匀	0~0.2 分			
			50% 木板间的缝隙均匀一致	0.3~0.5 分			
			超过 50% 木板间的缝隙均匀一致	0.6~0.8 分			
			所有木板间的缝隙都均匀一致	0.9~1.0 分			
	J16	龙骨上的螺丝钉均位于一条直线上		1 分			
			螺钉安装未经思考，杂乱无序	0~0.2 分			
			大于 50% 的龙骨上的螺钉位于一条直线上	0.3~0.5 分			
			所有龙骨上的螺钉位于一条直线上	0.6~0.8 分			
			所有龙骨上的螺钉位于一条直线上且不高于木板表面	0.9~1.0 分			
	J17	木平台的整体表现		1 分			
			整体没有完成	0~0.2 分			
			整体完成且看起来一般	0.3~0.5 分			
			整体完成且看起来较好	0.6~0.8 分			
			整体完成且看起来非常美观	0.9~1.0 分			
	J18	木板所有切割部分均打磨过		1 分			
			切割面打磨未超过 50%	0~0.2 分			
			50%~70% 的切割面打磨过	0.3~0.5 分			
			70%~85% 的切割面打磨过	0.6~0.8 分			
			超过 85% 的切割面打磨过	0.9~1.0 分			

续表

项目	J 评判 M 测量	评分内容	评 分 标 准	参考分	标准值	测量值	得分
E3		木作绿墙（6.5分＝测量 3.5 分＋评判 3 分）					
	M66	墙面尺寸 1		0.5 分			
	M67	墙面尺寸 2		0.5 分			
	M68	墙面高度		0.5 分			
	M69	墙面水平	水平尺气泡居于两侧边线之内为是，出线为否	1 分	是 / 否		
	M70	墙面垂直度	水平尺气泡居于两侧边线之内为是，出线为否	1 分	是 / 否		
	J19	面板的缝隙均匀		1 分			
			大部分木板间的缝隙不均匀	0~0.2 分			
			50% 木板间的缝隙均匀一致	0.3~0.5 分			
			超过 50% 木板间的缝隙均匀一致	0.6~0.8 分			
			所有木板间的缝隙都均匀一致	0.9~1.0 分			
	J20	龙骨上的螺丝钉均位于一条直线上		1 分			
			螺钉安装未经思考，杂乱无序	0~0.2 分			
			大于 50% 的龙骨上的螺钉位于一条直线上	0.3~0.5 分			
			所有龙骨上的螺钉位于一条直线上	0.6~0.8 分			
			所有龙骨上的螺钉位于一条直线上且不高于木板表面	0.9~1.0 分			
	J21	木板所有切割部分均打磨过		1 分			
			切割面打磨不超过 50%	0~0.2 分			
			50%~70% 的切割面打磨过	0.3~0.5 分			
			70%~85% 的切割面打磨过	0.6~0.8 分			
			超过 85% 的切割面打磨过	0.9~1.0 分			
F1		火山岩铺装（4 分＝测量 3 分＋评判 1 分）					
	M71	基础经过了开挖、夯实等流程		1 分	是 / 否		
	M72	标高 1	容差 ± 0~2mm，1；±>2~4mm，0.5；> 4mm，0	1 分			
	M73	标高 2	容差 ± 0~2mm，1；±>2~4mm，0.5；> 4mm，0	1 分			
	J18	铺装的缝隙均匀		1 分			
			大部分的缝隙不均匀	0~0.2 分			
			30%~50% 的缝隙均匀一致	0.3~0.5 分			
			60%~80% 的缝隙均匀一致	0.6~0.8 分			
			所有的缝隙都均匀一致	0.9~1.0 分			

项目	J 评判 M 测量	评分内容	评 分 标 准	参考分	标准值	测量值	得分
F2	花岗岩铺装（测量 4 分）						
	M74	尺寸 1	容差 ± 0~2mm，0.5；±>2~4mm，0.25；> 4mm，0	0.5 分			
	M75	尺寸 2	容差 ± 0~2mm，0.5；±>2~4mm，0.25；> 4mm，0	0.5 分			
	M76	是否全部错缝铺设		0.5 分	是 / 否		
	M77	标高 1	容差 ± 0~2mm，1；±>2~4mm，0.5；> 4mm，0	1 分			
	M78	标高 2	容差 ± 0~2mm，1；±>2~4mm，0.5；> 4mm，0	1 分			
	M79	水平	水平尺气泡居于两侧边线之内为是，出线为否	0.5 分	是 / 否		
F3	透水砖铺装（测量 3.5 分）						
	M80	尺寸 1	容差 ± 0~2mm，0.5；±>2~4mm，0.25；> 4mm，0	0.5 分			
	M81	尺寸 2	容差 ± 0~2mm，0.5；±>2~4mm，0.25；> 4mm，0	0.5 分			
	M82	标高 1	容差 ± 0~2mm，1；±>2~4mm，0.5；> 4mm，0	1 分			
	M83	标高 2	容差 ± 0~2mm，1；±>2~4mm，0.5；> 4mm，0	1 分			
	M84	水平	水平尺气泡居于两侧边线之内为是，出线为否	0.5 分	是 / 否		
F4	小料石铺装（3 分＝测量 1 分+评判 2 分）						
	M85	是否全部扫缝		0.5 分	是 / 否		
	M86	尺寸	容差 ± 0~2mm，0.5；±>2~4mm，0.25；> 4mm，0	0.5 分			
	J22	小料石之间的缝隙均匀		1 分			
			大部分的缝隙不均匀	0~0.2 分			
			30%~50% 的缝隙均匀一致	0.3~0.5 分			
			60%~80% 的缝隙均匀一致	0.6~0.8 分			
			所有的缝隙都均匀一致	0.9~1.0 分			
	J23	小料石的整体外观		1 分			
			少于 50% 面积的小料石坡度自然，路面整洁美观	0~0.2 分			
			50%~70% 面积的小料石坡度自然，路面整洁美观	0.3~0.5 分			
			70%~85% 面积的小料石坡度自然，路面整洁美观	0.6~0.8 分			
			所有小料石的坡度自然，路面整洁美观	0.9~1.0 分			

续表

项目	J 评判 M 测量	评分内容	评 分 标 准	参考分	标准值	测量值	得分
F5	道牙铺装（7分＝测量6分＋评判1分）						
	M87	标高 1	容差 ± 0~2mm，1； ±>2~4mm，0.5；> 4mm，0	1分			
	M88	标高 2	容差 ± 0~2mm，1； ±>2~4mm，0.5；> 4mm，0	1分			
	M89	标高 3	容差 ± 0~2mm，1； ±>2~4mm，0.5；> 4mm，0	1分			
	M90	道牙交接处全部倒角且合理	同一高程相交的道牙须倒角，发现一处未倒角不得分	2分	是 / 否		
	M91	水平	水平尺气泡居于两侧边线之内为是，出线为否	1分	是 / 否		
	J24	道牙的整体外观		1分			
			少于一半的道牙密缝铺设、切口整齐均匀，整体观感较差	0~0.2 分			
			多于一半的道牙密缝铺设、切口整齐均匀，整体观感一般	0.3~0.5 分			
			四分之三的道牙密缝铺设、切口整齐均匀，整体观感较好	0.6~0.8 分			
			所有的道牙密缝铺设、切口整齐均匀，整体观感很好	0.9~1.0 分			
G	植物种植（8分＝测量4分＋评判4分）						
	M92	定点植物 A	容差 ± 0~2cm，0.5； ±>2~3cm，0.25；> 3cm，0	0.5 分			
	M93		容差 ± 0~2cm，0.5； ±>2~3cm，0.25；> 3cm，0	0.5 分			
	M94	定点植物 B	容差 ± 0~2cm，0.5； ±>2~3cm，0.25；> 3cm，0	0.5 分			
	M95		容差 ± 0~2cm，0.5； ±>2~3cm，0.25；> 3cm，0	0.5 分			
	M96	提供的植物（草皮除外）全部被使用		1分	是 / 否		
	M97	植物全部从容器中取出或除去土球包裹及标签		1分	是 / 否		
	J25	种植技术		1分			
			不符合行业标准，栽种深度不合理，种植过程中没有分层捣实、浇水定根，标签及包扎物没有去除。	0~0.2 分			
			符合行业标准，植物未修剪	0.3~0.5 分			
			符合行业标准，植物垂直并进行了适度修剪	0.6~0.8 分			
			符合行业标准，植物垂直并适度修剪，植物最具美感的面朝向花园入口处	0.9~1.0 分			

项目	J 评判 M 测量	评分内容	评 分 标 准	参考分	标准值	测量值	得分
	J26	绿地的植物布局		1 分			
			植被布置很随机，没有层次感	0~0.3 分			
			植物布置有一定的层次感	0.3~0.6 分			
			植物布置有层次感，各层次过渡比较自然	0.6~0.8 分			
			植物布局合理，层次分明，过渡很自然	0.8~1.0 分			
	J27	草皮铺设		2 分			
			坪床不密实，表面不平整	0~0.5 分			
			坪床密实，表面平整	0.6~1.0 分			
			坪床密实，表面平整且坡度均匀	1.1~1.5 分			
			坪床密实，表面平整且坡度均匀，草皮铺设整齐，不漏缝不重叠	1.6~2.0 分			
H	整体印象（评判 3 分）						
	J28	花园整体印象		3 分			
			花园没有完成	0~1.0 分			
			花园完成且看起来可以，基本按照图纸施工	1.0~1.5 分			
			花园完成且看起来较好，所有部分均按照图纸施工	1.5~2.0 分			
			花园所有部分完成得非常好，很大程度上加强了花园的视觉美感	2.0~3.0 分			
合 计				100			

附录 3 中华人民共和国第一届职业技能大赛"园艺"赛项试题（三）施工图

此附录的内容，与"2.7 施工图设计案例"的内容相对应，只是为了给读者多提供一份施工图画法的参考资料。实际上在 2020 年 12 月份（广州）比赛时，此赛项无设计比赛，不要求两位参赛选手画一套完整的施工图；只是要求参赛选手利用晚上时间，对各个施工项目的结构进行构思，画个草图便于施工就可以了。特此说明。

施工要求

一、本施工图仅为第46届世界技能大赛园艺项目中国选拔赛使用，如果和行业施工规范不一致，请遵照本图要求进行实施。

二、所有砌筑项目基础部分须进行开挖，夯实。乱石墙采用黄木纹片岩干垒，块料或石砾。如果片岩尺寸较小，可分内外两片垒砌，但每层应设置不小于3块的横向连接。花坛和景墙用砣须制标砖浆砌，加气砖干垒。砂浆填缝须饱满（勾缝）。砌筑用沙浆由选手现场拌和。

三、地面铺装应在素土夯实后，找平，然后进行块料铺装。小料石和火山岩铺装须用砂细填缝，填缝须密实。小料石和火山岩铺装中边角部分二次加工须置于加工，严禁使用切割机切割。

四、钢板由选手按尺寸自行切割(手持)，钢板与钢板之间以及钢板与绿墙木构件之间用角码和自攻螺丝连接，连接务次平可靠。

五、水池开挖完成后，应先进行夯实。找平后方可铺防水膜，水岸线采用鹅卵根板围合，最后均匀酒铺雨花石进行镇压。

六、植物种植应按"定位——挖种植池——解除包装物（根、茎、叶、形修饰和摘除标签）种植回填——浇水"这个基本流程进行，铺设草皮前，应对作业面进行一次夯实，避免床平均匀沉降，保证坪床平整。整平后再铺设草皮卷。铺设完成后，还要进行酒水和夯实。

七、本说明未尽之处，由技术专家组最终解释。

01/10

图号

A3

图幅

2020.11

日期

施工要求

中华人民共和国第一届职业技能大赛园艺项目 试题（三）

▲ 中华人民共和国第一届职业技能大赛"园艺"赛项组委会提供的"施工要求"（注：部分施工要求的说明有问题）

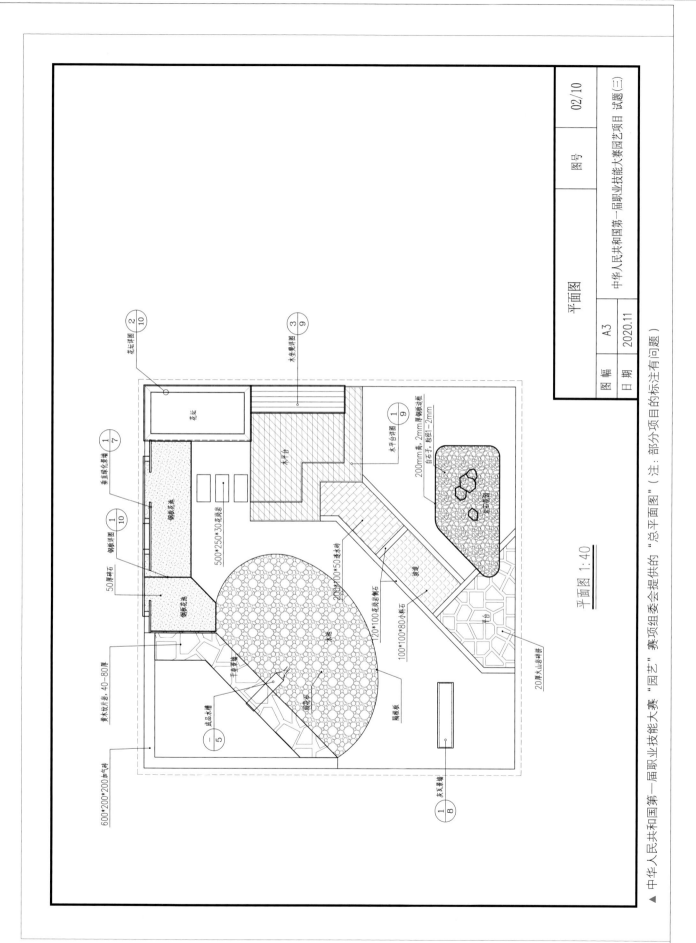

平面图 1:40

花坛详图 ②/⑩

木景详图 ③/⑨

木平台详图 ①/⑨

200mm高,2mm厚钢板边框
白石子,线径1-2mm

岩石组合

重直绿化景墙 ①/⑦

钢板详图 ①/⑩

钢板花池

钢板花池

50厚碎石

500*250*30花岗岩

20厚火山岩碎拼

200*100*50透水砖

花坛详图 ①/⑩

120*100无岗岩叠石

100*100*80小料石

栈道

平台

黄木纹片岩 40-80厚

黄木纹片岩 40-80厚

隔根板

水池

鹅卵石

成品木槽

衣瓦景墙 ①/⑧

600*200*200面气砖

图 幅	A3
日 期	2020.11

平面图 图号 02/10

中华人民共和国第一届职业技能大赛园艺项目 试题(三)

▲ 中华人民共和国第一届职业技能大赛"园艺"赛项组委会提供的"总平面图"(注:部分项目的标注有问题)

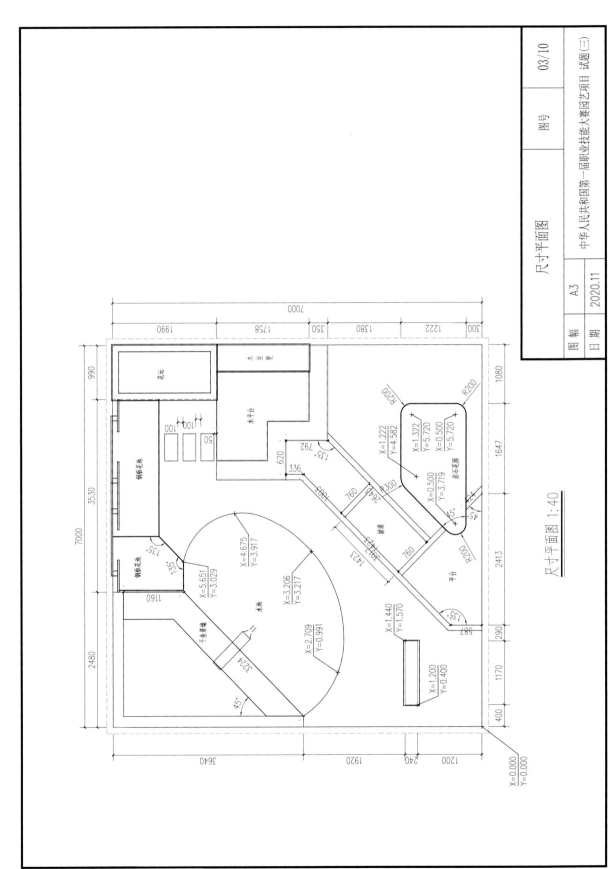

尺寸平面图 1:40

尺寸平面图 | 图号 | 03/10

图幅 | A3

日期 | 2020.11

中华人民共和国第一届职业技能大赛园艺项目 试题（三）

▲ 中华人民共和国第一届职业技能大赛"园艺"赛项组委会提供的"尺寸平面图"（注：部分标注符号有问题）

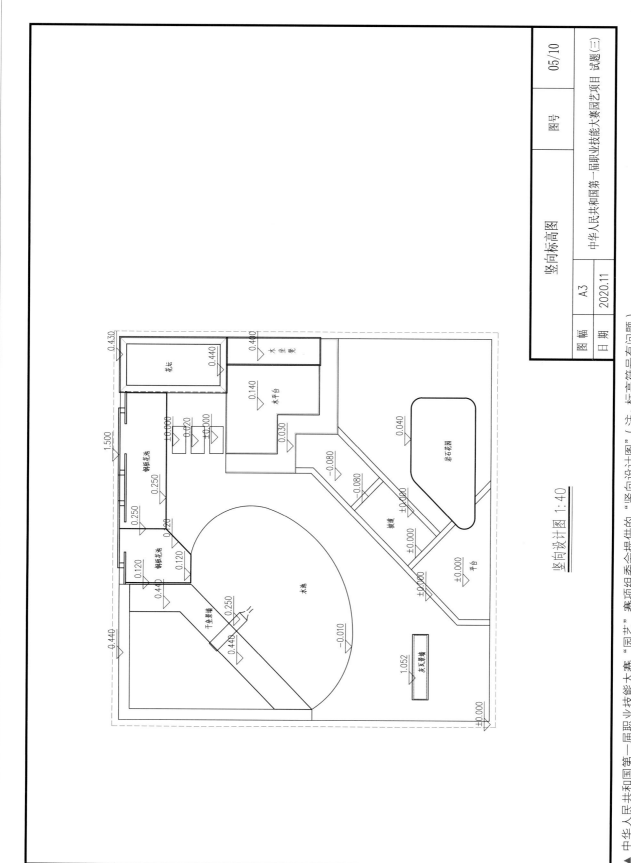

竖向设计图 1：40

▲ 中华人民共和国第一届职业技能大赛 "园艺" 赛项组委会提供的 "竖向设计图"（注：标高符号有问题）

竖向标高图		图号	05/10
		中华人民共和国第一届职业技能大赛园艺项目 试题（三）	
图幅	A3		
日期	2020.11		

中华人民共和国第一届职业技能大赛

——园艺项目试题（三）施工图

2020. 12.

施 工 说 明

一、本施工图为第46届世界技能大赛能大赛园艺项目中国选拔赛使用，如果和行业施工规范不一致，请遵照本说明要求进行实施。

二、所有砌筑项目，基础部分均须进行开挖，夯实。乱石墙采用黄木纹片岩干垒，垒砌时上下不能通缝，缝隙间不可以填土或细砂，应回填块料或砾石；如果片岩尺寸较小，可分内外两片垒砌，但每层应设置不少于3块的横向连接，顶层须设置不少于4块的横向连接。花坛和景墙采用砼顶制标标浆砌，围挡采用加气砖干垒，砌筑采用砖现砂浆由选手现场拌和。

三、地面铺装应在素土夯实，找平后进行块料铺装。小料石和火山岩铺装须用细砂填缝，填缝须密实。小料石和火山岩铺装中，边角部分二次加工须用凿子加工，严禁使用切割机切割。

四、钢板铺装由选手自行自行切割（手持电动切割机）。钢板与钢板之间以及钢板与立体绿植墙木构作之间用角砖和钻尾螺丝连接，连接务必牢固结实。

五、水池开挖完成后，应先进行夯实，用细砂找平后方可铺设防水膜。水岸线采用隔根板固合，最后均匀撒铺雨花石覆盖（满铺）。

六、植物种植应按照"定位→挖种植穴→解除包装物（根、茎、叶、形修饰和摘除标签）→种植土回填→浇水"这个基本流程进行。铺设草皮前，应对作业面进行耙松，然后铺设草皮卷；草皮铺设完成后，要进行洒水和压实。

七、本说明未尽之处，由技术专家组最终解释。

目 录

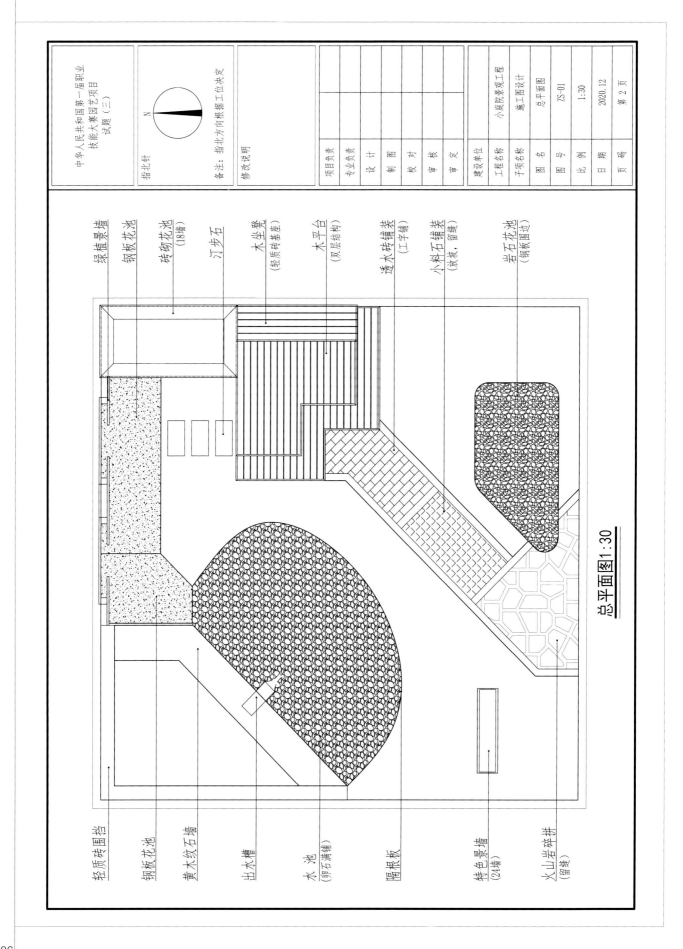

总平面图1:30

中华人民共和国第一届职业
技能大赛园艺项目
试题（三）

指北针

备注：指北方向根据工位决定

修改说明

项目负责	
专业负责	
设 计	
制 图	
校 对	
审 核	
审 定	

建设单位	
工程名称	小庭院景观工程
子项名称	施工图设计
图 名	总平面图
图 号	ZS-01
比 例	1:30
日 期	2020.12
页 码	第 2 页

绿植景墙
钢板花池
砖砌花池（18墙）
汀步石
木坐凳（轻质砖基座）
木平台（双层结构）
透水砖铺装（工字铺）
小料石铺装（放坡，留缝）
岩石花池（钢板围边）

轻质砖围挡
钢板花池
黄木纹石墙
出水槽
水池（卵石满铺）
隔根板
特色景墙（24墙）
火山岩碎拼（留缝）

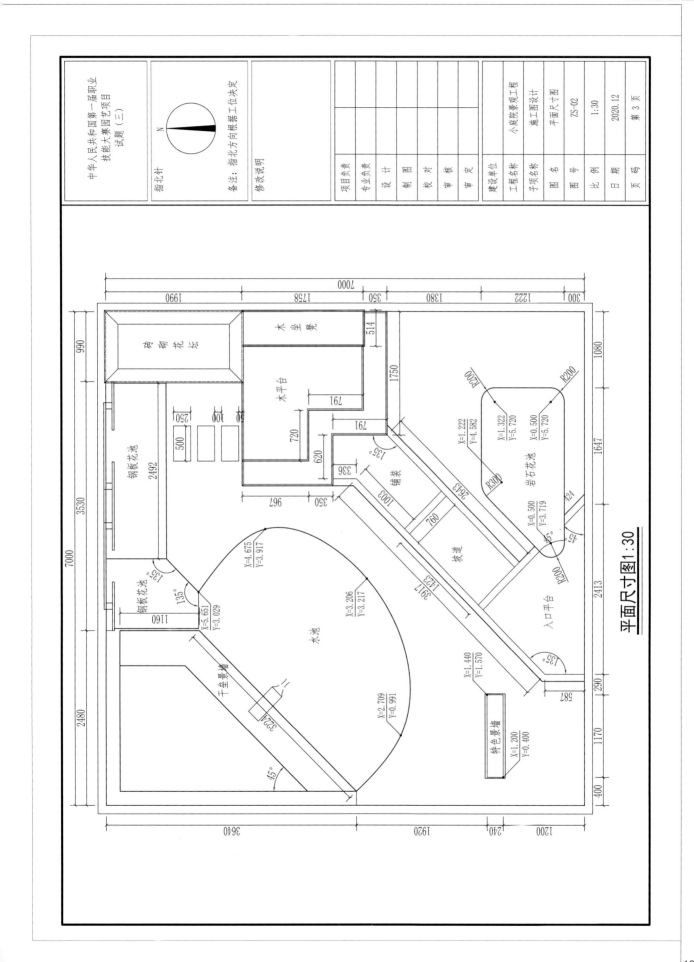

平面尺寸图1:30

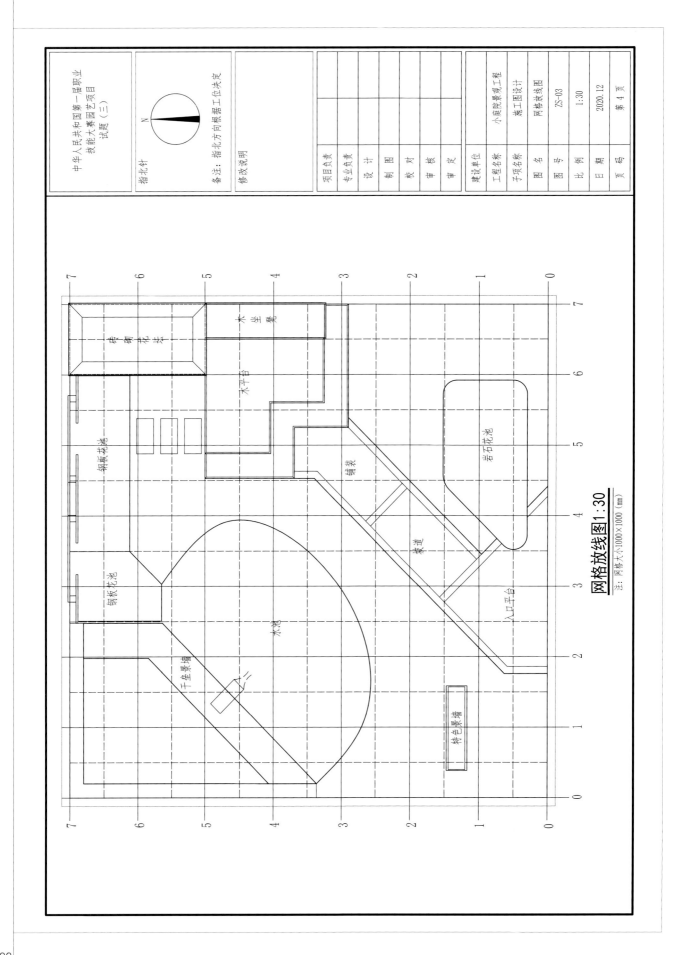

网格放线图 1:30

注：网格大小 1000×1000（mm）

中华人民共和国第一届职业技能大赛园艺项目试题（三）

指北针

备注：指北方向根据工位决定

修改说明

项目负责	
专业负责	
设　计	
制　图	
校　对	
审　核	
审　定	

建设单位	
工程名称	小庭院景观工程
子项名称	施工图设计
图　名	网格放线图
图　号	ZS-03
比　例	1:30
日　期	2020.12
页　码	第 4 页

（图中标注文字）砖砌花坛　木坐凳　木平台　钢板花池　岩石花池　铺装　钢板花池　栈道　水池　入口平台　干垒景墙　特色景墙

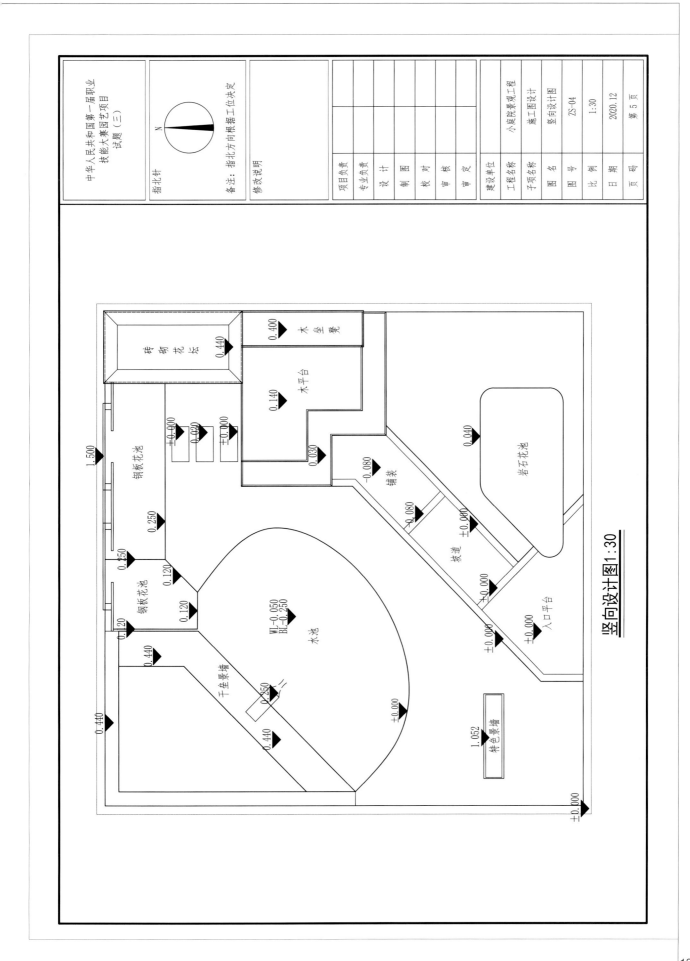

竖向设计图1:30

园林景观|设计与施工

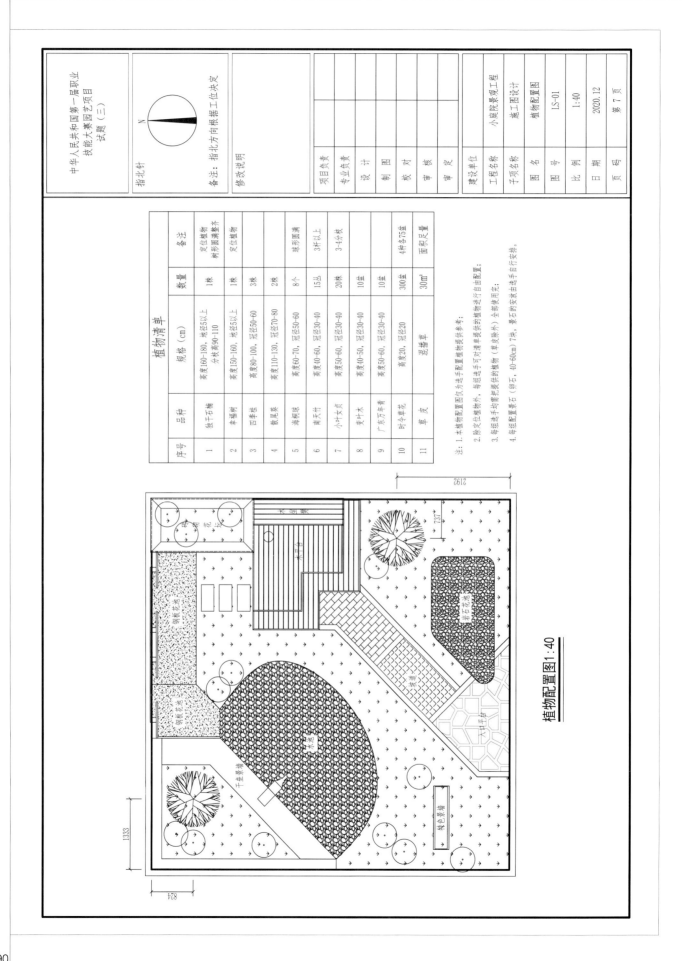

植物配置图 1:40

植物清单

序号	品种	规格（cm）	数量	备注
1	独干石楠	高度160-180，地径5以上 分枝高90-110	1株	定位植物
2	丰槎树	高度150-160，地径5以上	1株	树形圆满整齐 定位植物
3	四季桂	高度80-100，冠径50-60	3株	
4	散尾葵	高度110-130，冠径70-80	2株	
5	海桐球	高度60-70，冠径50-60	8个	球形圆满
6	南天竹	高度40-60，冠径30-40	15丛	3杆以上
7	小叶女贞	高度50-60，冠径30-40	20株	3-4分枝
8	变叶木	高度40-50，冠径30-40	10盆	
9	广东万年青	高度50-60，冠径20	10盆	
10	时令草花	高度20，冠名数盆	300盆	4种各75盆
11	草皮	混播草	30m²	面积尺寸量

注：1.本植物配置图仅为造型配置植物提供参考；
2.除定位植物外，每组选手可对清单提供的植物进行自由配置；
3.每组送手均需把提供的植物（单皮除外）全部使用完；
4.每组配置景石（卵石）、40-60cm）7块，景石的安装由选手自行安装。

中华人民共和国第一届职业
技能大赛园艺项目
试题（三）

指北针

备注：指北方向根据工位决定

修改说明

项目负责	
专业负责	
设　计	
制　图	
校　对	
审　核	
审　定	

建设单位	
工程名称	小庭院景观工程
子项名称	施工图设计
图　名	植物配置图
图　号	LS-01
比　例	1:40
日　期	2020.12
页　码	第 7 页

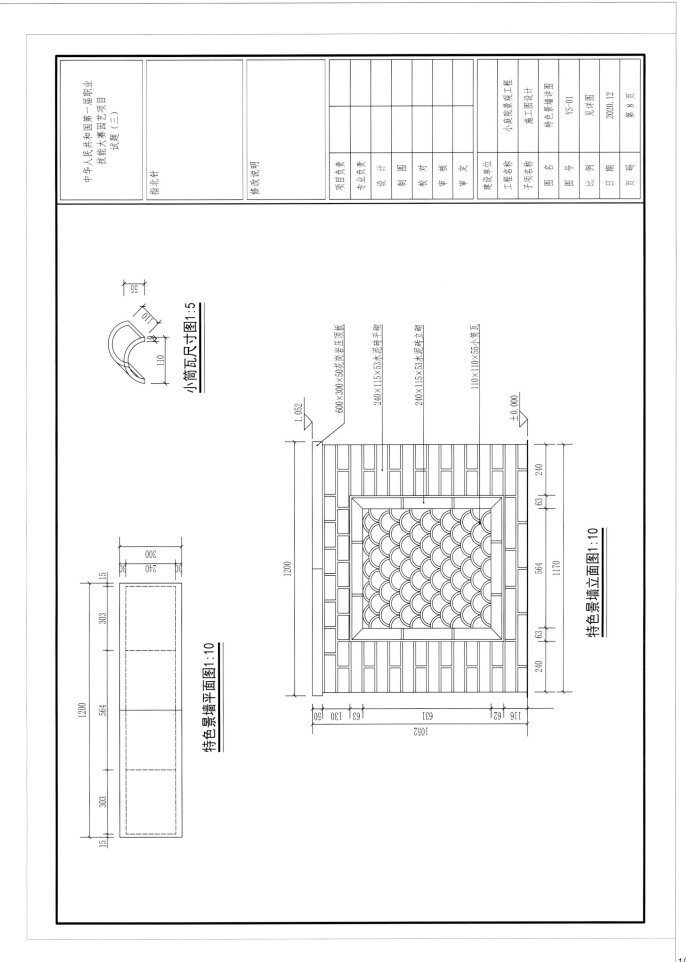

小筒瓦尺寸图1:5

特色景墙平面图1:10

特色景墙立面图1:10

600×300×50花岗岩压顶板
240×115×53水泥砖平砌
240×115×53水泥砖立砌
110×110×55小筒瓦

中华人民共和国第一届职业技能大赛园艺项目试题（三）

指北针

修改说明

项目负责				建设单位	
专业负责				工程名称	小庭院景观工程
设 计				子项名称	施工图设计
制 图				图 名	特色景墙详图
校 对				图 号	YS-01
审 核				比 例	见详图
审 定				日 期	2020.12
				页 码	第 8 页

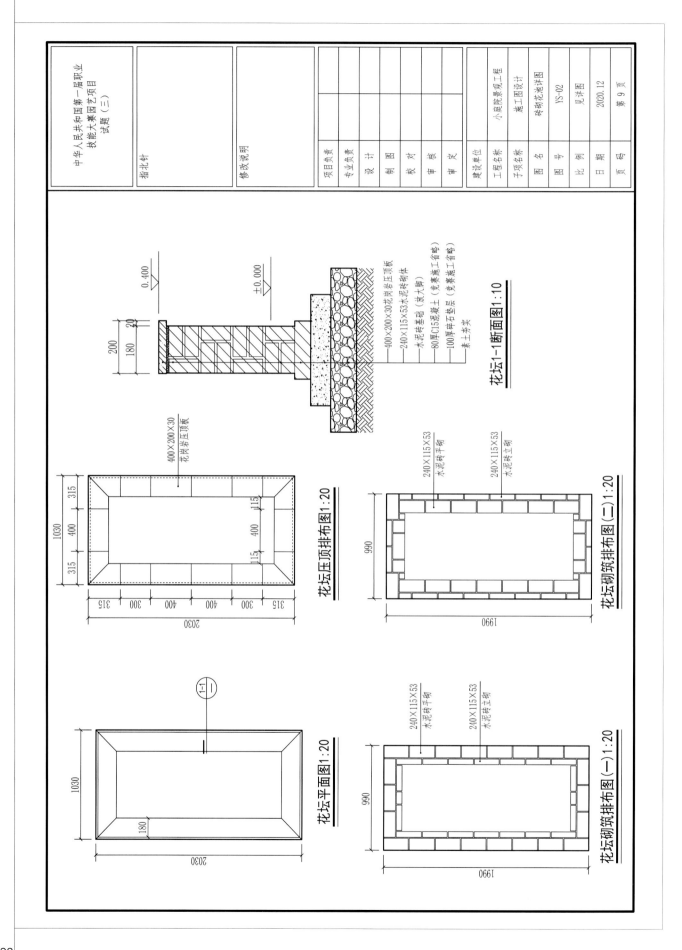

中华人民共和国第一届职业技能大赛园艺项目 试题(三)	
指北针	
修改说明	
项目负责	
专业负责	
设 计	
制 图	
校 对	
审 核	
审 定	
建设单位	小庭院景观工程
工程名称	施工图设计
子项名称	砖砌花池详图
图 号	YS-02
图 名	见详图
比 例	
日 期	2020.12
页 码	第 9 页

花坛1-1断面图1:10

400×200×30花岗岩压顶板
240×115×53水泥砖砌体
木泥砖基础(放大脚)
80厚C15混凝土(竞赛施工省略)
100厚碎石垫层(竞赛施工省略)
素土夯实

花坛压顶排布图1:20

400×200×30
花岗岩压顶板

花坛平面图1:20

花坛砌筑排布图(二)1:20

240×115×53
水泥砖平砌
240×115×53
水泥砖立砌

花坛砌筑排布图(一)1:20

240×115×53
水泥砖平砌
240×115×53
水泥砖立砌

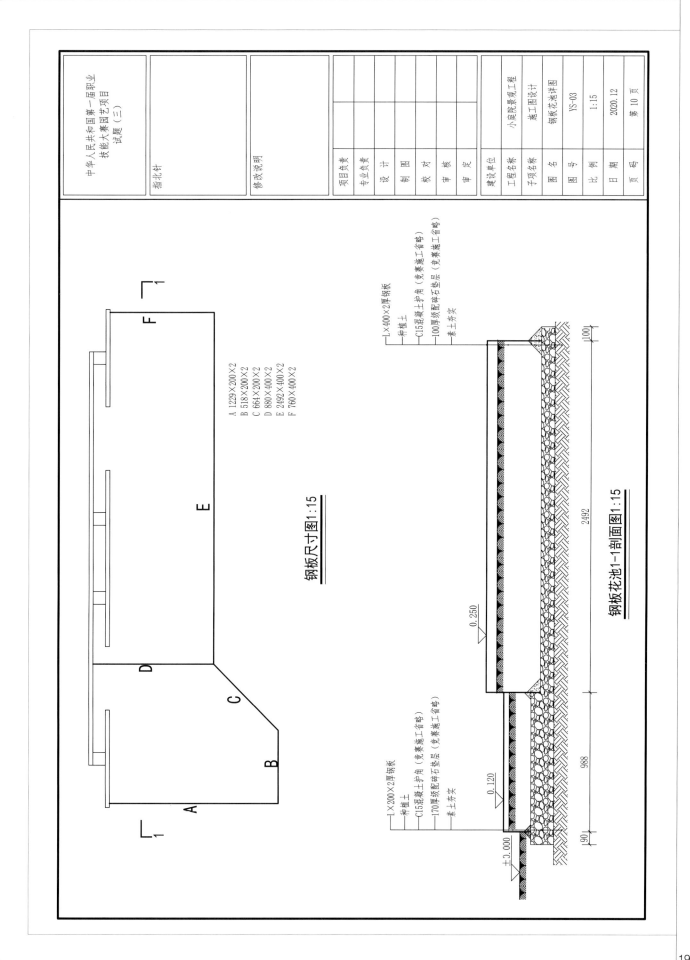

钢板尺寸图1:15

A 1229×200×2
B 518×200×2
C 664×200×2
D 880×400×2
E 2492×400×2
F 760×400×2

钢板花池1-1剖面图1:15

L×400×2厚钢板
种植土
C15混凝土护角（竞赛施工省略）
100厚碎石垫层（竞赛施工省略）
素土夯实

L×200×2厚钢板
种植土
C15混凝土护角（竞赛施工省略）
170厚级配碎石垫层（竞赛施工省略）
素土夯实

中华人民共和国第一届职业技能大赛园艺项目试题（三）

指北针

修改说明

项目负责	
专业负责	
设 计	
制 图	
校 对	
审 核	
审 定	

建设单位	小庭院景观工程
工程名称	施工图设计
子项名称	钢板花池详图
图 号	YS-03
比 例	1:15
日 期	2020.12
页 码	第 10 页

園林景观|设计与施工

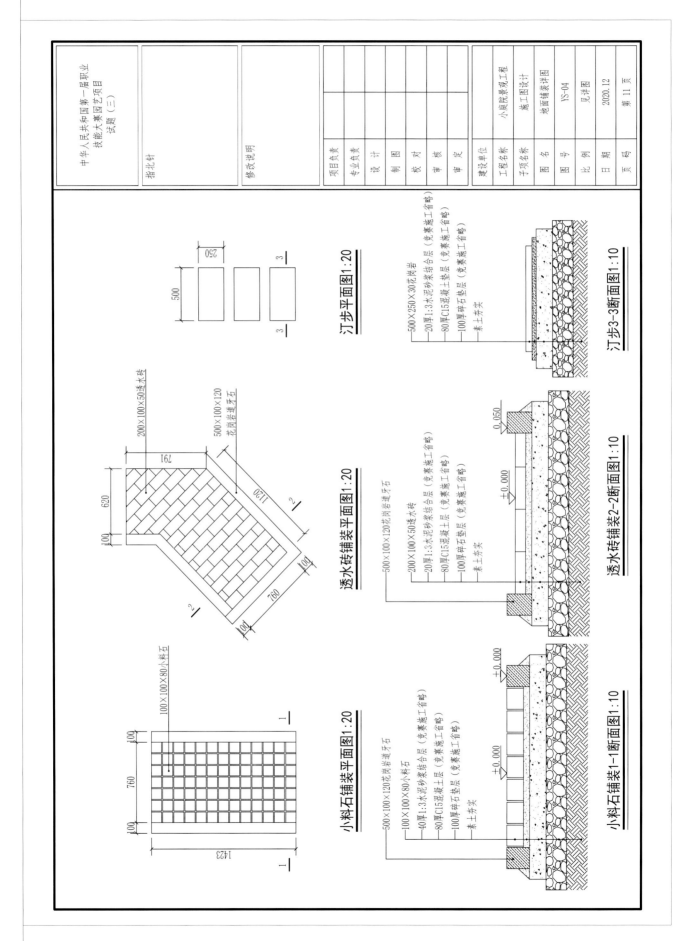

194

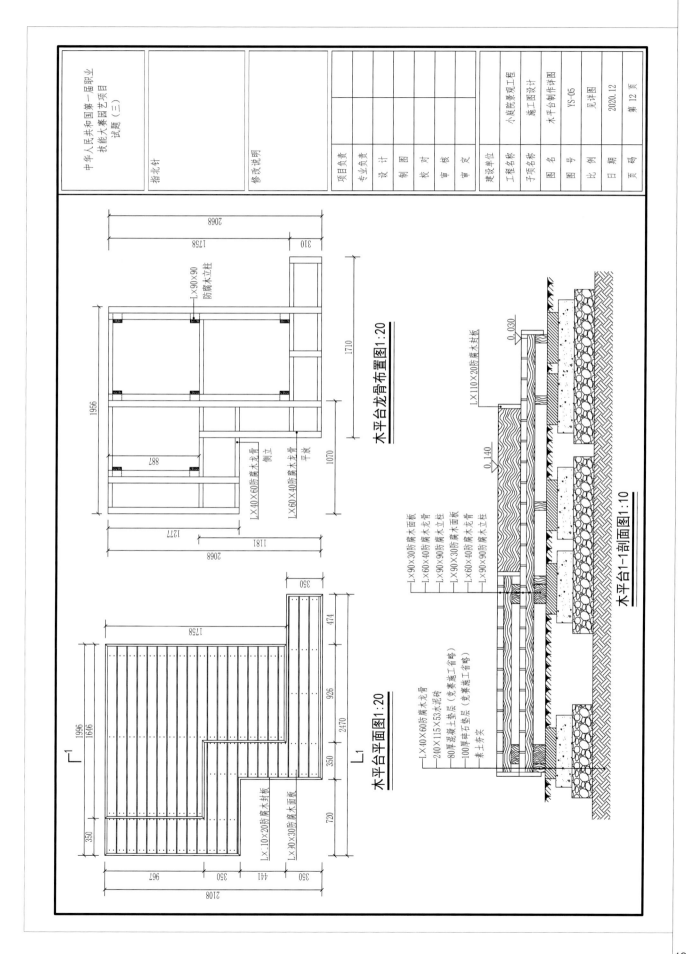

中华人民共和国第一届职业技能大赛园艺项目 试题（三）

指北针

修改说明

项目负责		建设单位	工程名称	小庭院景观工程
专业负责			子项名称	施工图设计
设 计			图 名	木平台制作详图
制 图			图 号	YS-05
校 对			比 例	见详图
审 核			日 期	2020.12
审 定			页 码	第 12 页

木平台龙骨布置图1:20

L×90×90防腐木立柱

L×40×60防腐木龙骨

L×60×40防腐木龙骨 侧立

平放

木平台平面图1:20

L×10×20防腐木封板

L×40×30防腐木面板

木平台1-1剖面图1:10

L×110×20防腐木封板

L×90×30防腐木面板
L×60×40防腐木龙骨
L×90×90防腐木立柱
L×90×30防腐木面板
L×60×40防腐木龙骨
L×90×90防腐木立柱

L×40×60防腐木龙骨
240×115×53水泥砖（竞赛�180工省略）
80厚混凝土垫层（竞赛�180工省略）
100厚碎石垫层（竞赛�180工省略）
素土夯实

195

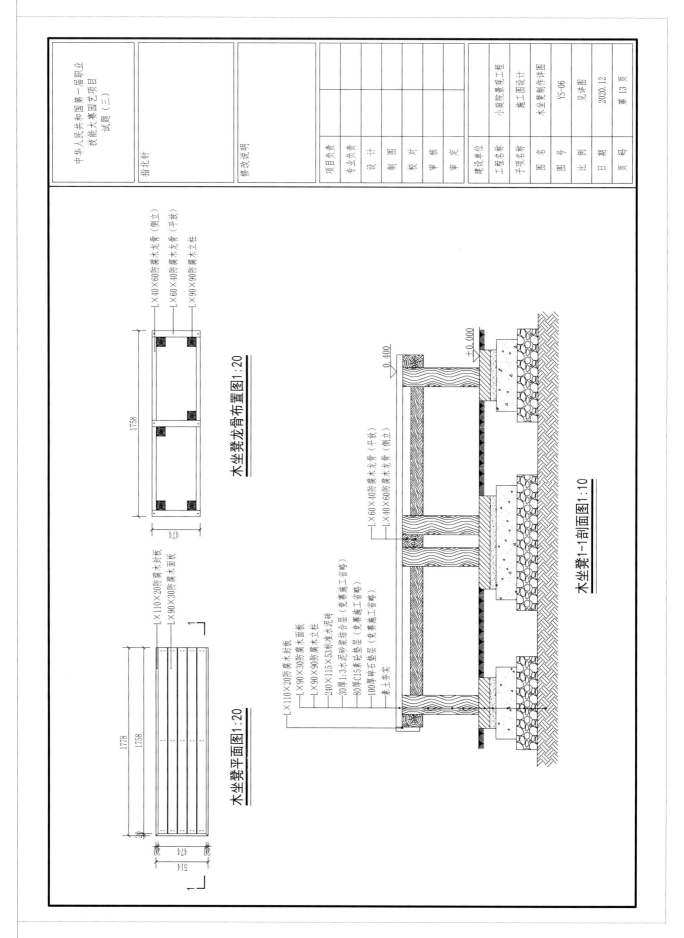

中华人民共和国第一届职业技能大赛园艺项目试题（三）

指北针

修改说明

项目负责	
专业负责	
设　计	
制　图	
校　对	
审　核	
审　定	

建设单位	
工程名称	小庭院景观工程
子项名称	施工图设计
图　名	木坐凳制作详图
图　号	YS-06
比　例	见详图
日　期	2020.12
页　码	第 13 页

L×40×60防腐木龙骨（侧立）
L×60×40防腐木龙骨（平放）
L×90×90防腐木立柱

木坐凳龙骨布置图1:20

1758

474

L×110×20防腐木封板
L×90×30防腐木面板

1778
1758

L×110×20防腐木封板
L×90×30防腐木面板
L×90×90防腐木立柱
240×115×53标准木泥砖
30厚1:3水泥砂浆结合层（竞赛施工省略）
80厚C15素砼垫层（竞赛施工省略）
100厚碎石垫层（竞赛施工省略）
素土夯实

木坐凳平面图1:20

30 474 30
514

±0.000
0.400

L×60×40防腐木龙骨（平放）
L×40×60防腐木龙骨（侧立）

木坐凳1-1剖面图1:10

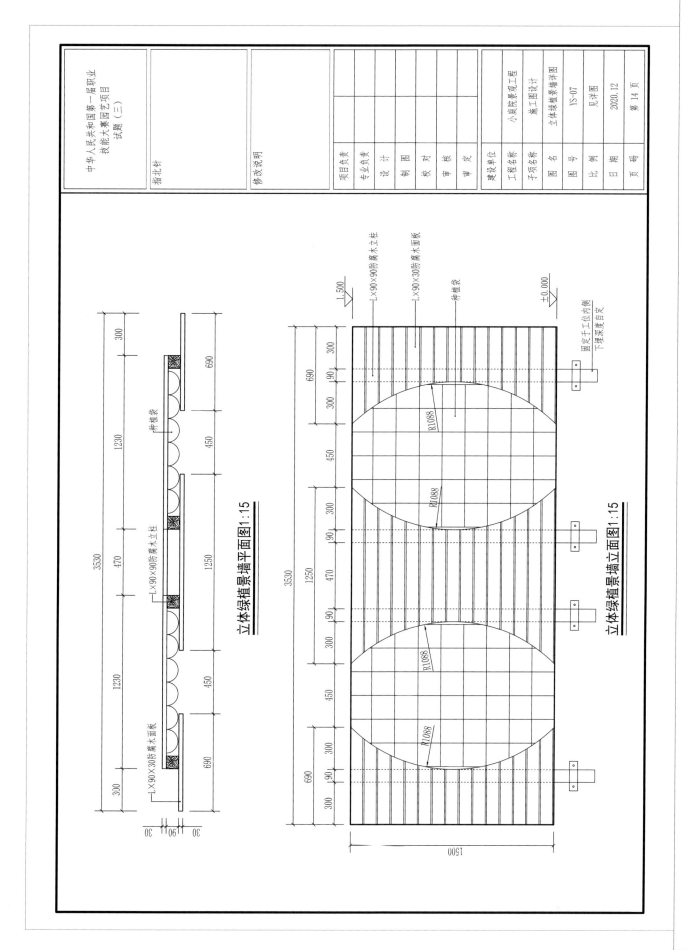

立体绿植景墙平面图1:15

立体绿植景墙立面图1:15

项目负责			建设单位	小庭院景观工程
专业负责			工程名称	施工图设计
设　计			子项名称	立体绿植景墙详图
制　图			图　号	YS-07
校　对			图　名	见详图
审　核			比　例	2020.12
审　定			日　期	第 14 页
			页　码	

中华人民共和国第一届职业
技能大赛园艺项目
试题（三）

指北针

修改说明

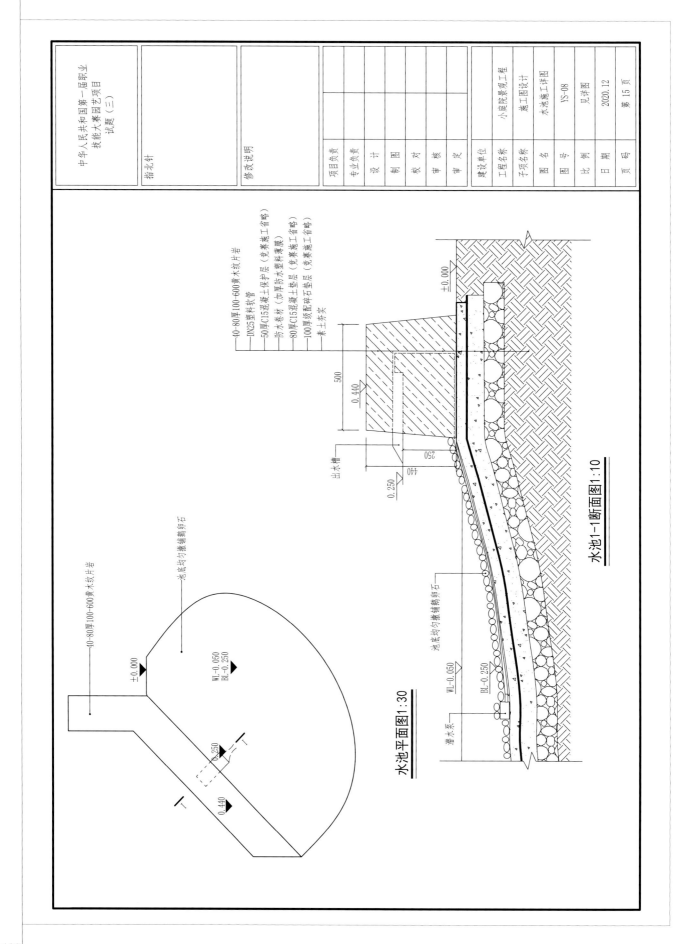

附录 4 2023 年国赛"园林景观设计与施工"赛项试题（六）施工图

2023 年全国职业院校技能大赛高职组"园林景观设计与施工"赛项于 2023 年 7 月在上海农林职业技术学院举行。比赛方式为设计+施工，参赛学生 4 人，比赛时间为 16 小时。两位参赛学生先进行设计比赛（根据大赛组委会和专家组提供的总平面图、尺寸标注图、竖向标高图设计一套完整的施工图和二张彩色效果图），然后另两位参赛学生根据本团队设计的施工图进行施工比赛。

2023 年全国职业院校技能大赛（高职组）

——园林景观设计与施工赛项（试题6）

2023年7月

▲ 此套施工图由池州职业技术学院提供

图 纸 目 录

序号	图号	图名	图幅	备注
01	ZS-SM	施工说明	A3	
02	ZS-01	总平面及索引图	A3	1:30
03	ZS-02	尺寸定位图	A3	1:30
04	ZS-03	竖向标高图	A3	1:30
05	SD-01	水电布置图	A3	1:30
06	LS-01	网格放线及种植设计图	A3	1:40
07	YS-01	黄木纹石墙及水池施工详图	A3	见详图
08	YS-02	砖砌景墙施工详图	A3	1:10
09	YS-03	透水砖、小料石铺装施工详图	A3	1:15
10	YS-04	花岗岩台阶、钢板花池施工详图	A3	1:15
11	YS-05	双层木平台施工详图	A3	1:15
12	YS-06	创意绿植墙施工详图	A3	1:10
13	YS-07	创意小品施工详图	A3	见详图

设计单位

园林景观设计与施工赛项
试题6

修改说明

建设单位
工程名称
子项名称

审 定
审 核
项目负责
专业负责
设 计
制 图
校 对

图 名　图纸目录
图 号
比 例
日 期　2023.07
页 码

施 工 说 明

一、本施工图为2023年全国职业院校技能大赛园林景观设计与施工赛项使用，如果和行业施工规范不一致，请要求进行实施。

二、所有砌筑项目，基础部分均须进行开挖，夯实。石墙采用黄木纹片岩干垒，垒砌时上下不能通缝，缝隙间不可以填土或细砂，应回填块料或砾石；如果片岩尺寸较小，可分内外两片垒砌。顶层须设置不少于3块的横向连接。景墙用标准砖水泥砂浆砌筑，砂浆填缝须饱满（勾缝）；砌筑用砂浆由进手现场拌和。

三、木平台上下层龙骨须连接为一个整体。

四、地面铺装应在素土夯实，找平后进行块料铺装。花岗岩铺装须密缝且错缝铺设，小料石铺装须细砂填缝，填缝须密实。小料石铺装中，边角部分二次加工须用凿子加工。严禁使用切割机切割。

五、水池开挖完成后，应先进行夯实，再用细砂找平后方可铺设防水膜，最后均匀撒铺卵石进行覆盖。

六、植物种植应按照"定位→挖种植穴→解除包装物（根、茎、叶、形修饰和捕除标签）→种植土回填→浇水"这个基本流程进行。草坪铺设前，应对作业面进行一次正实，避免不均匀沉降，保证坪床平整。草皮铺设完成后，要进行洒水和压实。

七、第一天须完成木平台、黄木纹石墙干垒、24景墙、钢板花池；
第二天须完成绿植墙、铺装、水景、植物种植。

八、本说明未尽之处，由技术专家组最终解释。

设计单位		园林景观设计									图 名	施工说明
		与施工赛项									图 号	ZS-SM
		试题6									比 例	
		修改说明		建设单位	工程名称	子项名称	审 定	审 核	项目负责	专业负责	设 计	制 图	校 对	日 期	2023.07
														页 码	01

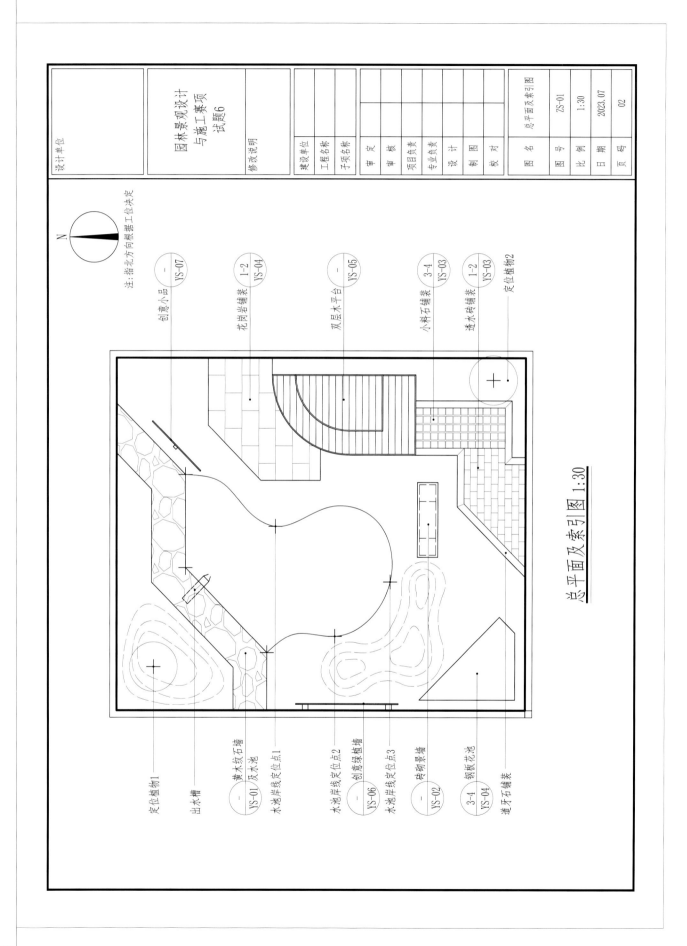

总平面及索引图 1:30

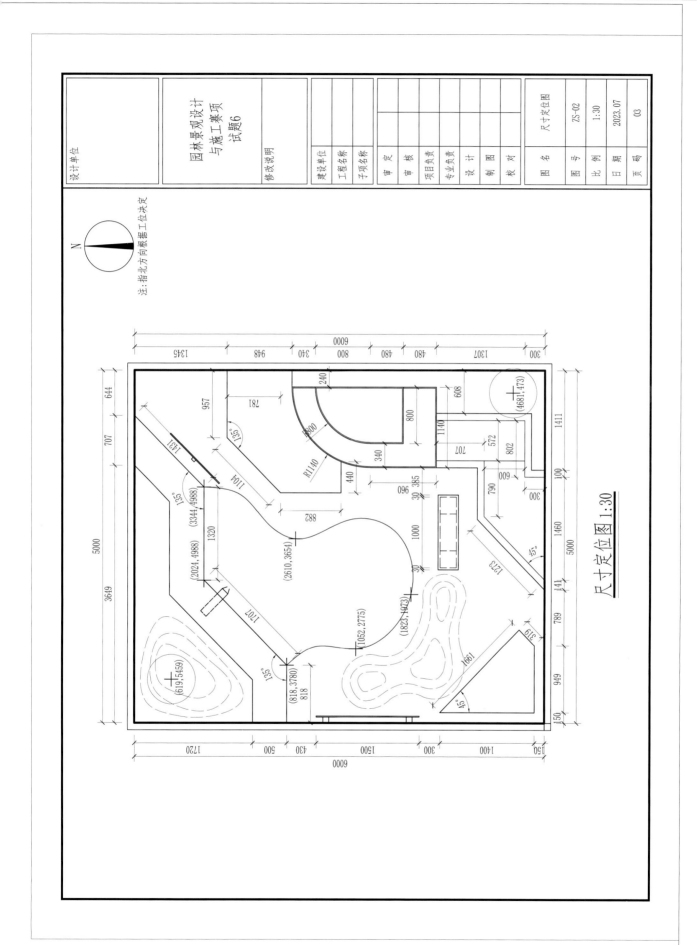

尺寸定位图 1:30

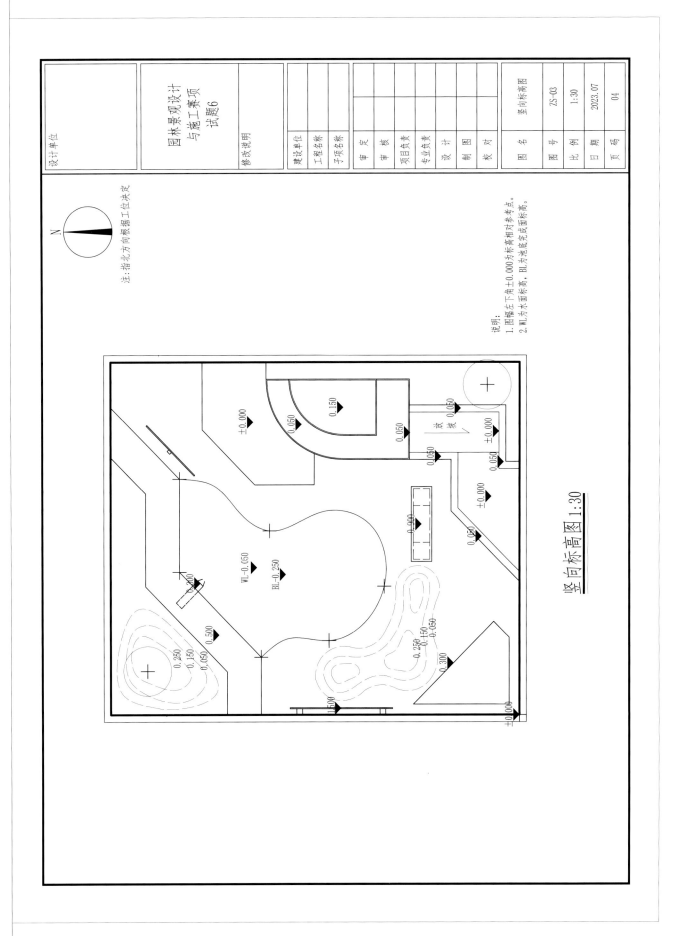

竖向标高图 1:30

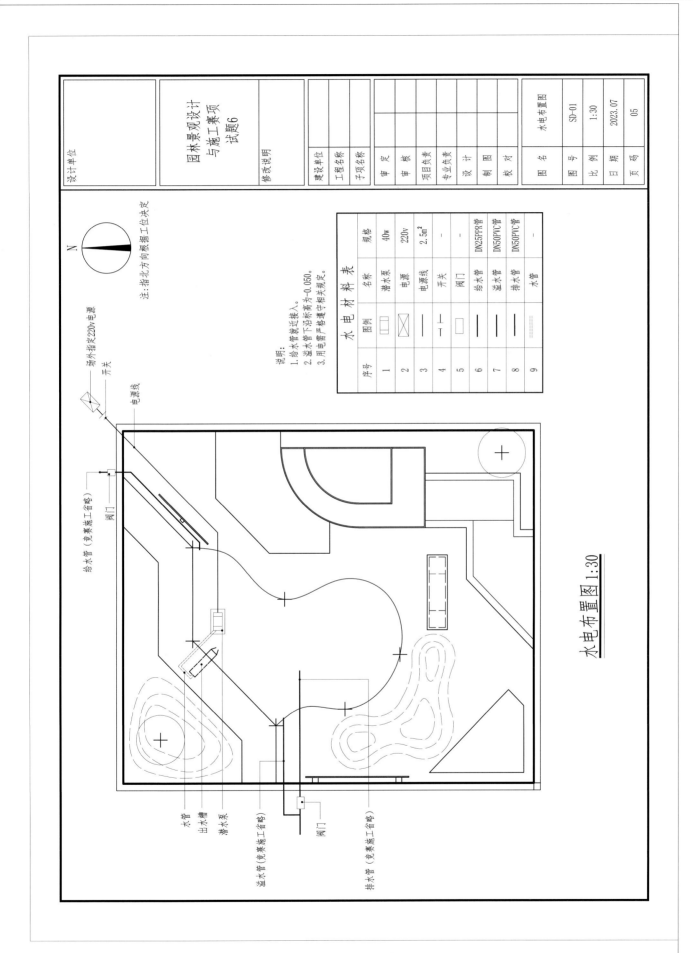

水电布置图1:30

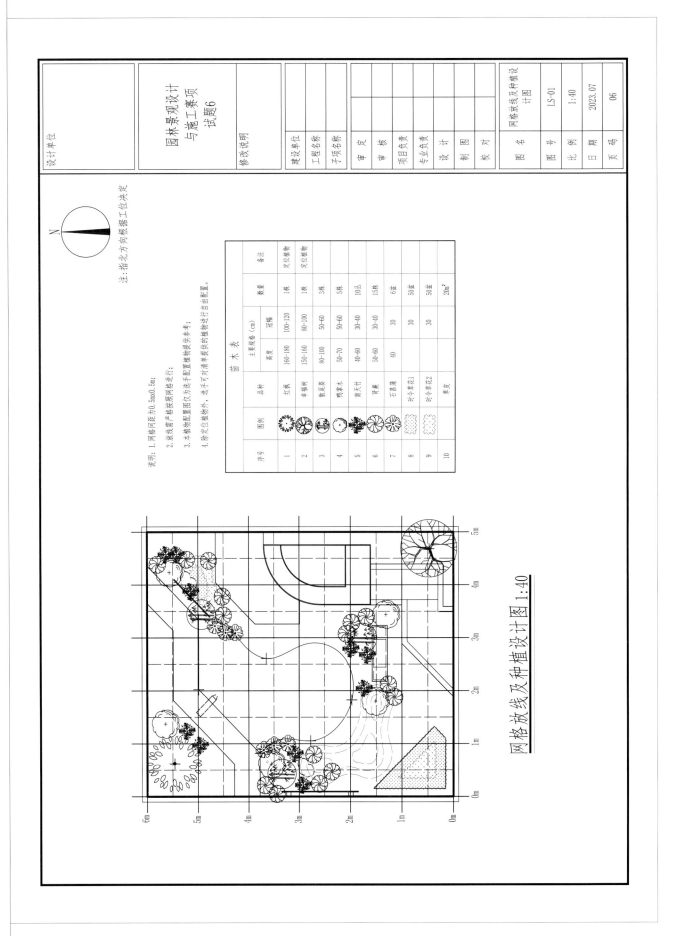

网格放线及种植设计图 1:40

苗木表

序号	图例	品种	主要规格（cm）高度	冠幅	数量	备注
1		红枫	160-180	100-120	1株	定位植物
2		丰富树	150-160	80-100	1株	定位植物
3		鸡爪槭	80-100	50-60	3株	
4		鹅掌木	50-70	50-60	5株	
5		南天竹	40-60	30-40	10丛	
6		肾蕨	50-60	30-40	15株	
7		云昌蒲	40	30	6盆	
8		时令草花1		30	50盆	
9		时令草花2		30	50盆	
10		草皮			20m²	

说明：1. 网格间距为0.5m×0.5m；
2. 放线需严格按照网格进行；
3. 本植物配置图仅为选手配置植物参考；
4. 除定位植物外，选手可对清单提供的植物进行自由配置。

注：指北方向根据工位决定

N

设计单位

园林景观设计
与施工赛项
试题6

修改说明

建设单位
工程名称
子项名称
审　定
审　核
项目负责
专业负责
设　计
制　图
校　对

图名　网格放线及种植设计图
图号　LS-01
比例　1:40
日期　2023.07
页码　06

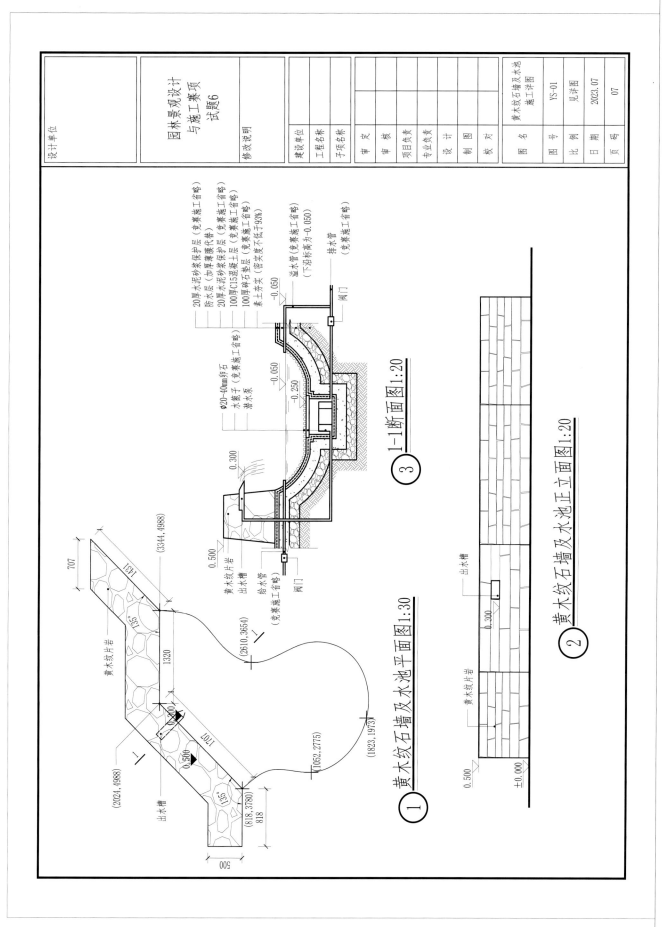

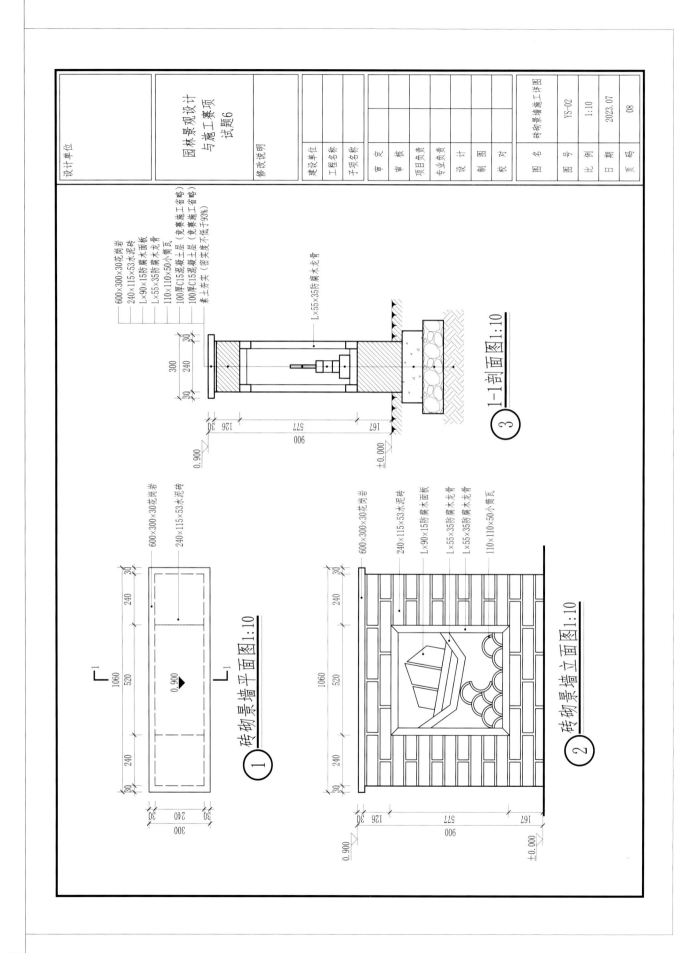

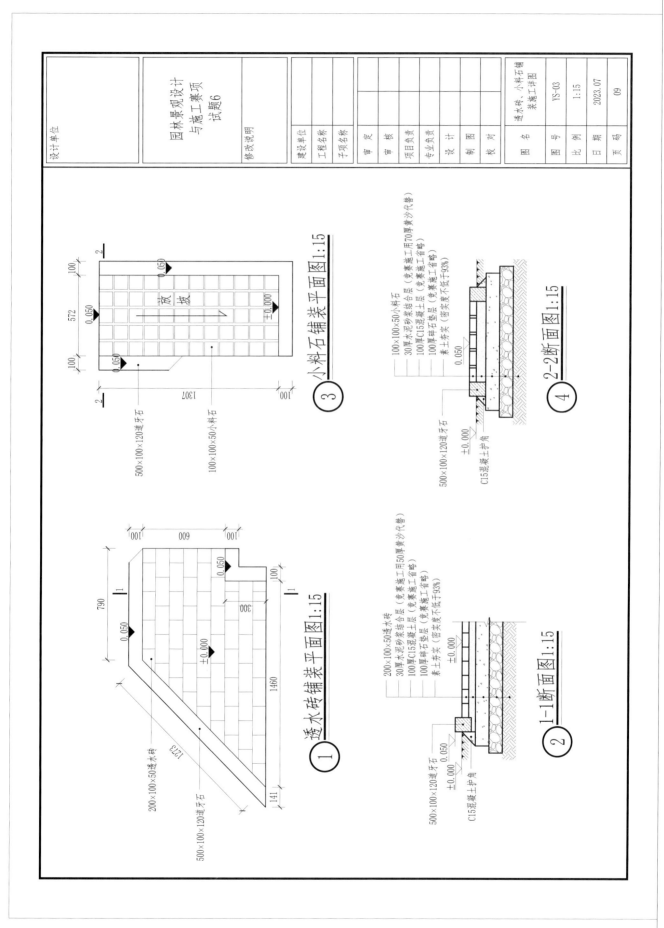

透水砖铺装平面图1:15 ①

200×100×50透水砖
500×100×120道牙石

小料石铺装平面图1:15 ③

放坡

500×100×120道牙石
100×100×50小料石

1-1断面图1:15 ②

200×100×50透水砖
30厚水泥砂浆结合层（竞赛施工用50厚黄沙代替）
100厚C15混凝土层（竞赛施工省略）
100厚碎石垫层（竞赛施工省略）
素土夯实（密实度不低于93%）
500×100×120道牙石
C15混凝土护角

2-2断面图1:15 ④

100×100×50小料石
30厚水泥砂浆结合层（竞赛施工用70厚黄沙代替）
100厚C15混凝土层（竞赛施工省略）
100厚碎石垫层（密实度不低于93%）
素土夯实
500×100×120道牙石
C15混凝土护角

设计单位		园林景观设计与施工赛项试题6	修改说明	建设单位	工程名称	子项名称	定	核	审	审 核	项目负责	专业负责	设 计	制 图	校 对	图 名	图 号	比 例	日 期	页 码
															透水砖、小料石铺装施工详图	YS-03	1:15	2023.07	09

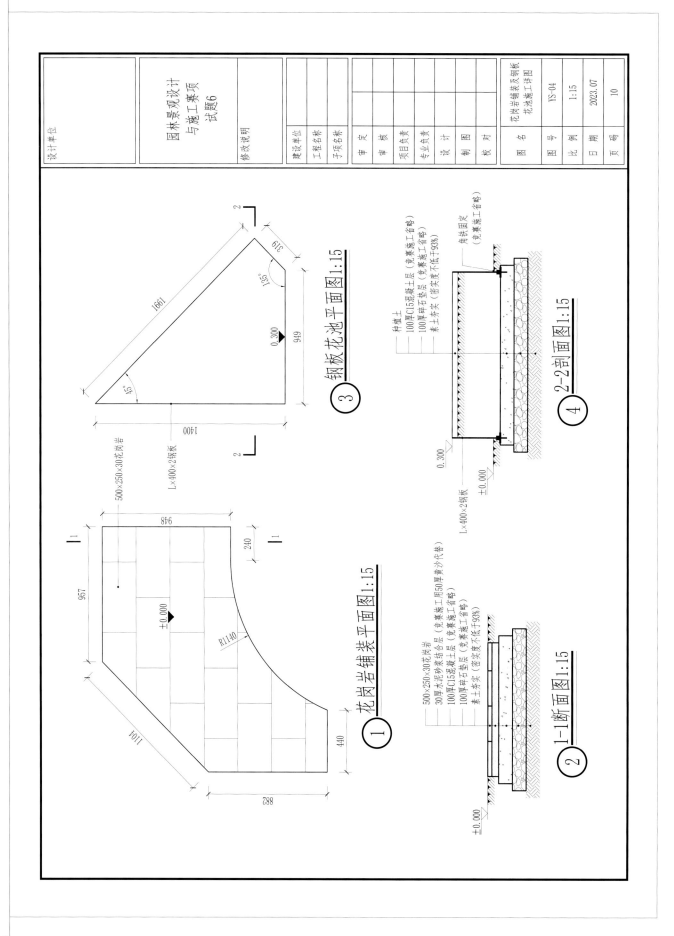

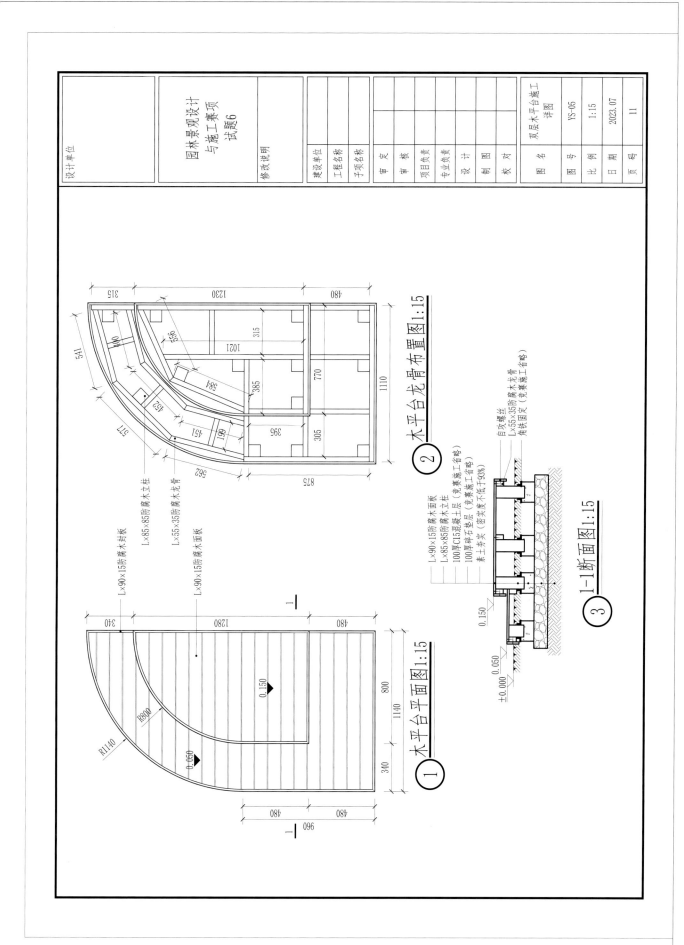

木平台骨龙置布图 1:15

② ②

木平台平面图 1:15

① ①

1-1断面图 1:15

③ ③

L×90×15防腐蘑木面板
L×85×85防腐蘑木立柱
100厚C15混凝土层（专赛施工省略）
100厚碎石垫层（专赛施工省略）
素土夯实（密实度不低于93%）

自攻螺丝
L×55×35防腐蘑木龙骨
角铁固定（竞赛施工省略）

L×90×15防腐蘑木封板
L×85×85防腐蘑木立柱
L×55×35防腐蘑木龙骨
L×90×15防腐蘑木面板

设计单位　　　园林景观设计与施工赛项　试题6　修改说明　建设单位名称　工程名称　子项名称　审定　审核　项目负责　专业负责　设计　制图　校对　图名　双层木平台施工详图　图号　YS-05　比例　1:15　日期　2023.07　页码　11

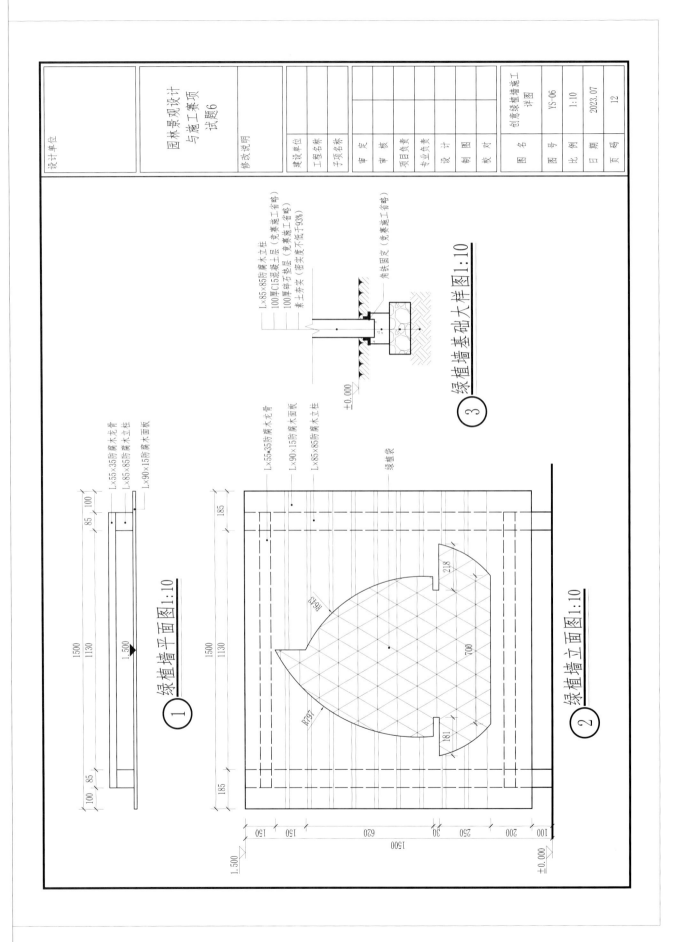

园林景观设计与施工赛项 试题6

修改说明

设计单位

建设单位

工程名称

子项名称

审定

审核

项目负责

专业负责

设计

制图

校对

图名 创意绿植墙施工详图

图号 YS-06

比例 1:10

日期 2023.07

页码 12

绿植墙平面图 1:10 ①

L×55×35防腐木龙骨
L×85×85防腐木立柱
L×90×15防腐木面板

绿植墙立面图 1:10 ②

L×55*35防腐木龙骨
L×90×15防腐木面板
L×85×85防腐木立柱

绿植袋

绿植墙基础大样图 1:10 ③

L×85×85防腐木立柱
100厚C15混凝土层（竞赛施工省略）
100厚碎石垫层（竞赛施工省略）
素土夯实（密实度不低于93%）

角铁固定（竞赛施工省略）

±0.000

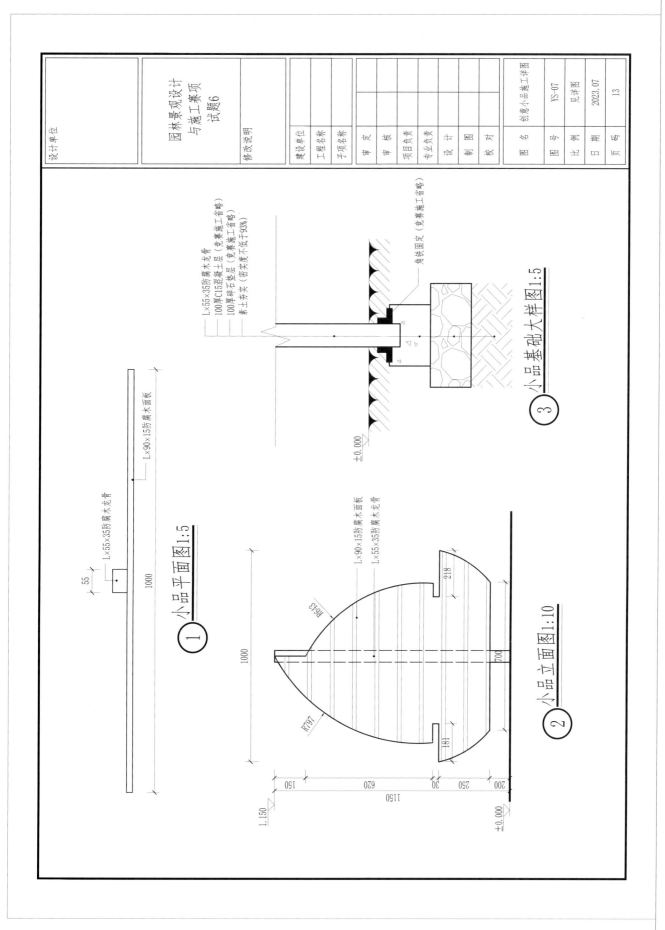

起航·逐梦——小庭院景观设计1

平面图

功能分区分析

景观视线分析

精筑·观赏区

寻梦·游景区

起航·活动区

结构分析

水体

构筑

园路

植栽

节点名称
❶ 起航路
❷ 逐梦台
❸ 风华池
❹ 繁翠境
❺ 精筑墙
❻ 扬帆壁

0   0.5   1m

主要节点
次要节点
观景点
景观视线

寻梦·凤凰于飞

起航·同心向梦

精筑·琢璞成器

A-A剖面图

设计说明

起航新征程，逐梦向未来。本设计以"扬帆起航，心向未来"为设计主题，整体布局围绕寻梦·游景区、精筑·观赏区、起航·活动区三大功能分区展开。走进扬帆路，在顽强的坚守中让梦想发光；登上逐梦台，工匠学子们一起征途如虹，逐梦未来；遥望风华池，行观山水，坐观春光。繁翠境，红枫、幸福树、散尾葵等写时令草花完美结合，做到四季有景，阴晴雨雪，花香树影皆成风景。琢璞成器，浸润精工思想，新时代的工匠人深耕精筑，涵养匠心品质；前途广阔，大有可为"。

必能"前途广阔，大有可为"。

2023年全国职业院校技能大赛（高职组）园林景观设计与施工赛项

▲ 池州职业技术学院提供

214

起航·逐梦 ——小庭院景观设计2

鸟瞰图

扬帆起航 初心向未来

局部效果图

正立面图

入口花境：红枫+散尾葵+鸭掌木+南天竹+肾蕨+石菖蒲+草花

景墙组团：散尾葵+鸭掌木+南天竹+肾蕨+石菖蒲

跌水石瀑：辛品树+散尾葵+鸭掌木+南天竹+肾蕨+石菖蒲

经济技术指标

绿地面积：16.18平方米
水体：3.81平方米
建筑面积：10.1平方米
总面积：30平方米
绿化率：53.9%
容积率：33.6%

0   0.5   1m

2023年全国职业院校技能大赛（高职组）园林景观设计与施工赛项

▲ 池州职业技术学院提供

215

参考书目

[1]世界技能大赛中国组委会.世界技能大赛知识普及读本[M].北京:中国人力资源和社会保障出版集团,2019

[2]赵昌恒,伍全根.世界技能大赛园艺项目赛训教程[M].北京:中国林业出版社,2022

[3]何礼华,黄敏强.园林庭院景观施工图设计[M].杭州:浙江大学出版社,2020

[4]何礼华,王登荣.园林植物造景应用图析[M].杭州:浙江大学出版社,2017

[5]何礼华,朱之君.园林工程材料与应用图例[M].杭州:浙江大学出版社,2013

[6]何礼华,汤书福.常用园林植物彩色图鉴[M].杭州:浙江大学出版社,2012